U0394318

基于 FPGA 与 RISC-V

的嵌入式系统设计

顾长怡 编著

清华大学出版社

北 京

内 容 简 介

本书详细介绍了RISC-V指令集及其设计思想，并在此基础上引入了一种称为FARM的软硬件开发模式，将FPGA同RISC-V CPU软核相结合，并利用Arduino与Make作为软件快速开发工具，有效地提高了开发效率，使系统设计具有更好的通用性和可移植性。

除了上述有关软硬件的讨论之外，本书的作者还与国内小脚丫FPGA的团队进行了合作，成功地将书中的大部分内容移植到了小脚丫FPGA旗下的STEP CYC10开发板上，并将相关的技术细节在书中做了详细陈述，以方便读者的动手实践。

本书内容既有深度，又有广度，对各类从事软硬件开发的科技人员会有很大的参考价值。对高校相关专业的学生，本书也是一部很好的参考书。

本书封面贴有清华大学出版社防伪标签，无标签者不得销售。

版权所有，侵权必究。举报：010-62782989，beiqinquan@tup.tsinghua.edu.cn。

图书在版编目（CIP）数据

基于FPGA与RISC-V的嵌入式系统设计 / 顾长怡编著. —北京：清华大学出版社，2020.1（2021.9重印）

ISBN 978-7-302-54538-5

Ⅰ.①基…　Ⅱ.①顾…　Ⅲ.①可编程序逻辑器件—系统设计　Ⅳ.①TP332.1

中国版本图书馆 CIP 数据核字（2019）第 286148 号

责任编辑：杨迪娜
封面设计：杨玉兰
版式设计：常雪影
责任校对：徐俊伟
责任印制：杨　艳

出版发行：清华大学出版社
　　　　　网　　　址：http://www.tup.com.cn，http://www.wqbook.com
　　　　　地　　　址：北京清华大学学研大厦 A 座　　　　邮　　编：100084
　　　　　社 总 机：010-62770175　　　　　　　　　　邮　　购：010-62786544
　　　　　投稿与读者服务：010-62776969，c-service@tup.tsinghua.edu.cn
　　　　　质 量 反 馈：010-62772015，zhiliang@tup.tsinghua.edu.cn
印 装 者：小森印刷（北京）有限公司
经　　销：全国新华书店
开　　本：170mm×240mm　　　印　　张：21　　　字　　数：312 千字
版　　次：2020 年 2 月第 1 版　　　印　　次：2021 年 9 月第 2 次印刷
定　　价：118.00 元

产品编号：083684-01

前几天，清华大学出版社的杨迪娜编辑在微信中告诉我，她正在编辑一本有关FPGA和RISC-V 系统设计的书。这本书马上就要付印，希望我能抽空浏览该书的电子版，如果觉得写得不错，请我为该书写一个序言，给作者一点鼓励，给读者们一点指点，顺便推荐一下。我一向鼓励年轻人主动工作的热情，于是欣然答应了她的请求。我用一周的空闲时间浏览了该书电子版的全部章节。因为年老力衰，已没有精力反复研读该书的全部内容，只能抽部分重要章节，细细研读。我与作者顾长怡先生素昧平生，从未有过交集。尽管如此，仅就认真阅读过的大部分内容而言，我能明显地感觉到作者是一个有国际阅历，并在嵌入式数字系统设计领域有过多年工作经验，担任过软硬件综合设计任务的高级设计师。他的写作态度十分认真，许多内容确实是作者本人在多年实际工作中的积累，凝聚了作者的全部心血。我从文字中能明显地体会到作者想与国内读者分享设计经验的赤诚之心。

全书文字简洁流畅，内容涉及面很广，几乎包括了现代数字嵌入式系统设计的全部概念。对电子信息专业基础扎实并有一些实际工作经验的年轻工程师而言，本书阐述的概念准确清晰，全书各章节内容通俗易懂。为即将进入数字嵌入式应用设计行业的读者介绍了如何进行FPGA应用设计和验证，以及如何在设计中融入RISC-V固核的实用技术和方法。书中对设计者必须掌握的重要概念，例如RTL设计思路、多时钟域、软/硬件资源分配、模块和系统验证的策略等都有深入细致的分析和阐述。毫无疑问，对于想要进入数字嵌入式应用系统设计行业，并要成为一位能熟练应用RISC-V固核，有能力设计出性价比高、性能卓越的实时数据处理系统的优秀工程师，本书是必选读物之一；对于只是想了解硬件设计的软件工程师和系统设计的高级管理人员而言，本书也是一本很好的参考书，它能帮助你理解嵌入式数字应用系统设计中的难点，从而避免陷入困境。

作为在嵌入式数字系统设计领域服务多年的老工程师、老教授，我必须告诉想进入该行业的年轻朋友们：即使顶级聪明的年轻人，也不会只靠读几本书，就能轻易掌握复杂的嵌入式系统设计的全部诀窍。想要完成复杂的、高性价比的应用系统设计，没有任何捷径可走，只能凭借设计者对专业工作的极大兴趣，强烈的责任感，不屈不挠的顽强意志。

只有在长期的日常工作中,保持严谨的科学作风,严格遵循数字系统设计方法学,在实践中坚持学习,积累经验,活到老,学到老,不断攀登,才能登上世界技术高峰。

年轻的朋友们,如果你们能以本书作者顾长怡为自己的学习榜样,全身心投入自己热爱并为之献身的数字应用系统设计的科学实践中,面对看似艰难的课题,相信自己的能力,大胆实践,虚心求教,积极交流,我相信你们每个人必定有辉煌的成就。未来属于不怕困难、坚持学习、永不满足、敢于攀登的勇者。

夏宇闻

北京航空航天大学退休教授

2010 年RISC-V诞生。RISC-V的开源战略,吸引了不少用户参与二次开发,也大力推动了RISC-V的生态建设。RISC-V指令集完全开源,吸引了众多IP供应商,IP供应商将提供不同程度的开源IP产品。2018年10月,中国RISC-V产业联盟成立,就吸引了千余家用户参与AI芯片开发,预计5年之内,RISC-V产业在应用量上会有突破性进展。在这一波嵌入式系统开发热潮中,我们欣喜地看到顾长怡先生编写的《基于FPGA与RISC-V的嵌入式系统设计》一书。该书从FPGA内核设计的视角全面介绍了在RISC-V基础上嵌入式系统的设计方法。该书的内容独特,反映了笔者近年来在RISC-V应用开发方面的实战经验。内容安排十分贴近国内近几十年在嵌入式系统领域走过的历程,这种亲近感有助于使原有从事嵌入式系统的人士迅速进入到RISC-V的嵌入式系统开发领域中。

从全书内容叙述中可以看出,笔者是长期从事嵌入式系统应用开发人士,一路从底层走来,进入到集成电路领域,对嵌入式系统软、硬件结构有深刻的认识与理解。笔者从嵌入式系统常规领域(FPGA、51指令集、操作系统移植等内容)出发,将有志于RISC-V的应用者带入了嵌入式系统应用的AI芯片开源平台的前沿技术领域。书中除了全面介绍基于FPGA的RISC-V指令集外,还对外设接口、嵌入式软件开发、操作系统移植、集成开发环境进行了详细论述,并为开发者提供了一个可立即用于实践的综合实验平台。从理论到实际再到实战,是本书的一大特点。

书中最后一章对知识产权保护的论述,无疑是本书的一大亮点。对当前开源平台嵌入式应用中知识产权保护知识的普及具有十分重要的意义。

何老师

资深嵌入式开发专家

序语3

自1948年第一个三极管在美国贝尔实验室问世至今，电子工程领域发生了翻天覆地的变化。与之相应的是计算机和软件产业的蓬勃兴起，以及嵌入式系统的大规模普及。

传统的嵌入式系统开发多围绕通用处理器展开。但是近年来，FPGA技术的普及和软核处理器的出现改变了这一局面。特别是RISC-V开源指令集的逐渐普及，更进一步模糊了软硬件的边界，并对定制化设计提出了更多、更高的要求。

这种新的技术趋势要求工程师能成为通晓软硬件技术的多面手。但是，目前的工程师教育培训体系依然还停留在过去那种"一个萝卜一个坑"的状态，无论广度还是深度，都无法跟上行业的发展。而讨论最新技术的相关书籍更是屈指可数。

这次我很高兴看到顾长怡先生愿意将他多年在海外学习与工作所获得的知识和经验与国内的同行们分享。顾长怡先生是FPGA和嵌入式系统开发技术的专家，他主持设计的RISC-V处理器，获得了行业设计竞赛的认可。我个人和他也曾有过合作，他在技术方面的渊博知识和勤恳负责的工作态度，给我留下了深刻的印象。有一次在美国和他会面的时候，向他提及了RISC-V技术相关的话题，最终引发了他的"奋笔疾书"和今天本书的面世。相信这本书一定会给国内同行了解FPGA与RISC-V在嵌入式设计中的应用打开一个新的窗口。

苏公雨

与非网创始人，硬禾理工学院院长

序语4

　　RISC-V不仅仅是一场技术的革命,更是一场商业模式的伟大变革。在RISC-V之前,占据世界主流的处理器架构是Intel的x86架构和ARM架构,但是这些架构都是闭源指令架构,无论是企业还是个人都很难获得指令架构授权并进行半导体设计的创新。

　　RISC-V开创性地引领了指令架构的开放,并正在推动着硬件领域的开源创新。以Linux、GCC、LLVM、Hadoop等为代表的开源软件极大地推动了互联网时代的发展,以RISC-V为基石的开源硬件极有可能创造硬件领域的"Linux",让企业和开发者可以像开发软件一样方便快捷地开发硬件,成为IoT时代伟大技术公司的技术底座。未来是一个让人充满期待的开源硬件时代!

　　RISC-V在全球学术界和产业界正刮起一阵热潮,但是目前RISC-V方面的书籍,尤其是中文的书籍还比较少,无论是高校还是应用开发者都需要一本具有实际操作指导的书籍,帮助他们了解RISC-V,并且快速地基于RISC-V指令架构进行应用开发。

　　顾长怡先生是FPGA和嵌入式系统开发的专家,具有丰富的计算机体系结构、嵌入式系统软硬件和FPGA的开发经验。本书中,顾长怡先生将围绕RISC-V架构及应用开发,以FPGA为载体,结合主流的Arduino 开发板生态,将RISC-V指令架构、处理核设计、SoC系统搭建、FPGA开发、嵌入式操作系统等内容娓娓道来,相信这是一本不可多得的指导高校学生和开发者进行RISC-V嵌入式开发的教材。

陈志坚

资深技术专家

引言

许多作者都喜欢在书的开头写一段献辞,于是在本书开稿之初,我就想起了业界的一些老前辈,并委托复旦微电子集团的刘枫先生帮忙拍摄了下面这张照片。

这张照片于2019年3月拍摄自上海市徐汇区肇嘉浜路1001号,原上海无线电四厂(简称"上无四厂")旧址。上无四厂生产的凯歌牌电视机、收音机,曾一度是市场的佼佼者。当然,和许多这类国营工厂一样,它在20世纪末也销声匿迹,退出了历史舞台。我所接受的大部分正规教育,都是在这个厂址附近的一些学校获得的,所以年轻时经常有机会从厂门前经过,耳濡目染,最终也有意无意地加入了这个行业。

时过境迁,昔日的厂房变作了高档楼盘,今日的中国电子工业,也早已不是吴下阿蒙。唯一不变的,则是这个行业的龙争虎斗和与时俱进。在本书完稿之际,我想就把本书献给那些曾经凯歌高奏的老前辈们吧。

顾长怡

2019年12月于美国加州

感谢

经过半年多的挑灯夜战，本书终于如愿和读者见面了。这里我首先要感谢父母对我的养育，在我年幼时种下了兴趣的种子。其次我要感谢我的妻子和女儿对我创作工作的支持，并在此期间忍受了我山顶洞人般的作息方式。另外，我还要感谢硬禾理工学院的苏公雨院长，是他莅临寒舍，让我有了创作本书的想法。同时，也感谢清华大学出版社的杨迪娜女士为本书的顺利出版提供了重要的支持和建议。

在本书的创作期间，苏州思得普信息科技有限公司的陈强先生提供了宝贵的意见，并为和本书配套的小脚丫开发板提供了及时的技术支持。上海复旦微电子集团股份有限公司的刘枫先生也帮忙做了部分校阅，并协助了街景照片的拍摄。清华大学电子工程系副教授郑友泉老师为本书的英语专业名词做了细致的翻译，保证了专有技术词语的准确性。

EFINIX公司的郭晶与颜庆伦两位先生及时提供了Trion T20开发板和开发工具，使得我的RISC-V软核能在新的FPGA架构上得到移植和验证。这里对他们一并表示感谢。

本书的创作还有幸得到了许多老师与同仁的关注和鼓励。这里要特别鸣谢北京航空航天大学的夏宇闻教授，资深技术专家陈志坚先生以及业界资深前辈为本书作序。

最后，同样要感谢广大读者对本书的关注！

顾长怡

目录

第 ① 章

概述

Farming is the fundamental game …

Guide to LOL

补充装备才是生存之道……

"英雄联盟"指导手册

1.1 背景阐述

　　嵌入式系统在我们的生活中无处不在：小到你手中的电视遥控器，大到嫦娥月球探险车，都可以看作是某种类型的嵌入式系统。在最近的十多年中，支撑嵌入式系统的半导体制程技术和计算机科学出现了如下所示的新趋势：

　　（1）半导体制程开始逼近物理极限。新的制程变得越来越昂贵。在笔者撰写本书之际，台积电正向 5 nm 制程发起冲刺，并同时投资近 200 亿美元建设新的 3 nm 工厂。高昂的工厂投资和复杂的制程工艺使得最新芯片的开发费用变得难以承受。

　　（2）昂贵的芯片开发费用使得 FPGA 器件开始受到青睐。FPGA 器件的容量和性能在过去的十多年中得到了极大的提高，其优秀的性价比和灵活性对许多中低级别出货量的系统变得更有吸引力。

　　（3）开源软件大行其道，并受到工业界的广泛关注。在嵌入式操作系统领域，Embedded Linux、Free RTOS、Zephyr 等都是其典型的代表。在编译器和工具链（Tool Chain）领域，GNU 的编译器和工具链早已占据了半壁江山。

　　（4）在印制电路板这个层级，开源的电路设计也开始大量涌现。其中，Arduino 便是一个典型的代表。不过这里要提醒读者注意的是，Arduino 实际上不仅仅局限于开源电路板，它更重要的贡献是其集成开发环境 Arduino IDE，以及相关的软件库。这个在后续章节中会有详细讨论。

　　（5）在半导体处理器芯片这个层级，出现了开源的处理器和开源指令集。特别是由美国加州大学伯克利分校提出的 RISC-V 开源指令集，由于其出色的性能和简洁的设计，近年来成为开源处理器的首选指令集。

这些新的趋势与进步给嵌入式系统的设计带来了以下的影响：

（1）为新的嵌入式系统开发配套的专用芯片变得异常昂贵。除非对产品有高出货量的要求（例如智能手机芯片），否则，大部分的嵌入式系统都会采用市面上已有的通用芯片器件来搭建。在本书中，会把这类通用器件称为 COTS（Commercial Off the Shelf，商用货架产品）器件。

（2）大部分嵌入式系统都有定制化（Customize）的需求，在没有配套专用芯片的情况下，传统的做法是将多个 COTS 器件整合成一个符合需要的系统。但是这种解决方案缺乏通用性，而且来自不同供应商的 COTS 器件会对供应链造成压力。任何一个 COTS 器件的产品周期终止都会给整个嵌入式系统的后续生产造成影响。随着 FPGA 器件的性价比不断攀升，一个新的处理方法是用单个 FPGA 器件实现这些 COTS 器件的所有功能（或者大部分的功能）。这样产品会有更长、更稳定的生命周期，其对供应链的压力也大大降低。但是，这种新的做法对开发人员的知识和技能提出了更高的要求。

（3）为降低开发成本，大部分嵌入式系统在满足项目要求的前提下，都会尽量选择开源的工具链。如果需要配备操作系统，开源的操作系统也会优先得到考虑。这些系统多半都以 C/C++ 为主要编程语言，并且都通过命令 Make（用于将代码变成可执行文件）来配置、编译和整合。

（4）对于不需要配备操作系统的情况，在 Arduino 集成开发环境下做快速开发的方式也逐渐被大家所采用。这种做法降低了开发的难度，适合中小系统的快速开发。

（5）嵌入式系统往往需要开发人员了解底层的硬件细节。在这方面，开源的处理器相对 ARM 等专用（Proprietary）处理器具有天然的优势。随着支持 RISC-V 指令集的开源处理器的不断涌现，相信 RISC-V 处理器会在嵌入式系统中占据越来越多的市场份额。

提示：由于以上提到的这些影响和变化，一种新的嵌入式系统开发方式出现了。笔者把这种开发方式称为 FARM。

FARM 开发模式：FPGA+Arduino+RISC-V+Make

如图 1-1 所示，在 FARM 开发模式下，FPGA 成为系统的核心芯片。在 FPGA 中会包含一个支持 RISC-V 的开源处理器软核（RISC-V 软核）。该处理器可以包含一个硬件逻辑实现的代码载入器。FPGA 也包含所有的（或大部分的）外围设备，这些外围设备通过总线和 RISC-V 相连。对于无法完全用 FPGA 实现的功能（例如传感器），FPGA 也会实现其控制部分或数据的读写。

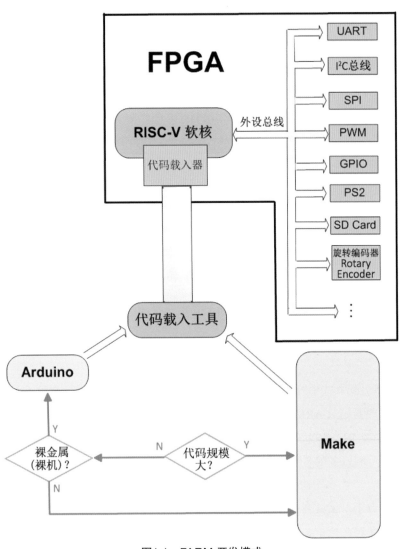

图1-1　FARM 开发模式

如图 1-1 所示，RISC-V（Reduced Instruction Set Computer-V，精简指令集计算 -V）软核的编程可以通过两种方式完成。对中小型的裸金属（Bare Metal）系统，开发者可以直接在 Arduino IDE 集成开发环境下编程，并充分利用 Arduino 提供的软件支持库。编译结果也可以在集成环境下直接写入 FPGA 上的 RISC-V 软核。当软件规模变大时，软件的配置和编译可以通过 Make 来实现，并执行和 RISC-V 软核配套的代码载入工具，下载编译结果。

图 1-2 展示了在 FARM 开发模式下，硬件工程师（电路板设计）、逻辑工程师（RTL 设计）和软件工程师（软件设计）的分工与协作方式。在逻辑工程师确定需要采用的 FPGA 型号以后，硬件工程师会围绕这个 FPGA 型号做电路板设计，有电路板设计初步完成之后，硬件工程师会把相关的电路原理图提供给逻辑工程师做复审。此时逻辑工程师往往需要建立一个实验性的 FPGA 工程项目（Dummy Project），来验证这些引脚连接和配置的可行性。

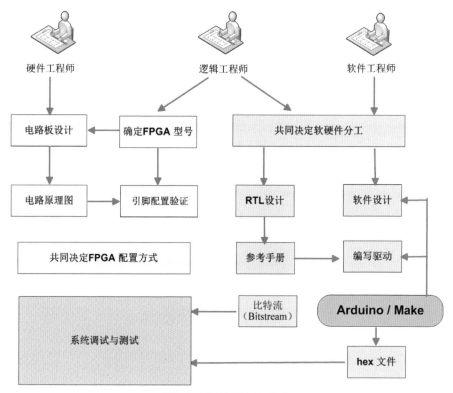

图1-2　FARM分工与协作

这是因为 FPGA 的有些功能只能限制在某个具体的引脚上，例如与 DDR（Double Data Rate，双倍数据速率）内存连接的引脚，而对同一个输入输出组之内的引脚，其电平也往往必须一样。这个实验性的 FPGA 工程项目就是为了验证引脚配置的可行性。同时硬件工程师还要与逻辑工程师沟通协商，共同确定 FPGA 器件本身的装载和配置方式（即在何处存放 FPGA 的比特流（Bitstream），以及在上电时用何种方式将比特流载入到 FPGA 中）。

逻辑工程师在给 FPGA 做 RTL（Register Transfer Level，寄存器转移级电路）设计时，也需要和软件工程师沟通，协调软硬件的分工，确定哪些工作由软件在 RISC-V 上实现，以及哪些工作由 FPGA 逻辑实现。之后，逻辑工程师应该向软件工程师提供 FPGA 设计的参考手册，其中应包括系统各部分的地址分配，以及各个外设的寄存器定义和操作方式。软件工程师需要为这些外设编写驱动程序。

软件工程师的工作流程如图 1-2 的最右边部分所示。在与逻辑工程师协调分工以后，软件工程师即可开始主体算法的设计。当收到 FPGA 参考手册后，软件工程师可以开始编写和硬件相关的驱动。对中小型的裸金属（Bare Metal）系统，笔者建议使用 Arduino 的集成开发环境来开发。Arduino 的集成开发环境简单易用，而且有丰富的开源软件库支持，极大降低了设计开发难度。对于其他比较复杂的系统，则可以通过 Make 来配置和编译。

综上所述，FPGA、RISC-V、Arduino 与 Make 共同组成了 FARM 开发模式。本书的剩余部分将会围绕该开发模式，对其各部分展开详细的讨论。

1.2　FPGA

本书的第 2 章将会详细讨论 FPGA 的相关知识和设计方法。

> **提示**：这里笔者假设读者已经对 System Verilog / Verilog 硬件设计语言有一定的了解，本书的所有 FPGA 设计样例都会用 System Verilog 和 Verilog 来编写。

1.3 RISC-V

美国加州大学伯克利分校提出的 RISC-V 开源指令集近年来得到了业界的广泛关注。有关 RISC-V 指令集和处理器组织架构的知识，将会在本书第 3 章进行详细介绍。由于笔者对采用 CISC（Complex Instruction Set Computer，复杂指令计算机）指令集的 8051 处理器和 RISC-V 软核处理器都有丰富的实战设计经验，因此会结合自己的切身体会，比较这两种指令集的优劣和其对处理器设计的影响。

在 2018 年由 RISC-V 基金会官方举办的全球 Soft CPU 设计大赛中，由笔者主持设计的 PulseRain Reindeer 软核处理器在激烈的竞争中脱颖而出，荣获季军（https://riscv.org/2018/10/risc-v-contest）。本书第 4 章将会详细介绍该处理器的设计方法和实现细节，向读者展示从无到有设计一个处理器内核的过程。

> 说明：在本书编辑排版之际，由笔者主持设计的另外一款软核处理器 PulseRain Rattlesnake 在 2019 年 RISC-V 基金会官方举办的全球 Soft CPU 设计大赛中荣获冠军。该款处理器针对物联网安全做了专门的加强设计，在没有软件支持的情况下，成功挫败了比赛中所有的黑客模拟攻击。

1.4 小脚丫FPGA开发平台

小脚丫 FPGA 开发平台是国内流行的一个优秀的实验开发平台。该平台被笔者选用作为本书的综合实验平台，并将上述 RISC-V 处理器内核移植到该平台上。本书第 9 章将会对小脚丫 FPGA 开发平台进行详细阐述。

1.5 C/C++，Make与工具链

软件设计是嵌入式系统中不可缺少的重要环节。对嵌入式系统的底层软件来说，

由于它们需要直接与硬件交互，因此一般都会选取 C 语言或 C++ 作为编程语言，并通过 Make 来配置、编译与整合。这里笔者假设读者已经对 C/C++ 有基本的了解。本书第 6 章将会针对嵌入式系统的特点，介绍 C/++ 编程的使用技巧和注意要点，并给出多个通用的 Make 模板，方便读者在开发中使用。另外，第 6 章也会讨论工具链的相关知识。

1.6 嵌入式操作系统

随着物联网的兴起，相关的嵌入式操作系统开发也开始变得活跃，Zephyr 便是其中的典型代表。Zephyr 是著名的嵌入式操作系统 Wind River 的一个开源分支，并得到 Linux 基金会的支持。本书第 7 章将展示如何将 Zephyr 嵌入式操作系统移植到前文所述的 PulseRain Reindeer RISC-V 处理器上。

1.7 Arduino集成开发环境

Arduino 集成开发环境非常适合中小规模裸金属系统的开发。但是，在使用 Arduino 开发环境对 RISC-V 编程之前，需要 RISC-V 软核提供代码载入的支持，同时也需要向 Arduino 集成开发环境提供相应的第三方开发包。

> 提示：本书第 8 章会对此进行详细讨论，包括 PulseRain Reindeer RISC-V 处理器所使用的第三方库与开发包的编写。

1.8 模块授权方式

知识产权保护是嵌入式开发中无法回避的问题。嵌入式系统的开发往往需要将来自多个供应商的模块作整合处理，而各供应商模块的授权方式往往不尽相同。本书第 10 章将对此作详细讨论。

1.9 PulseRain RTL 库

如图 1-1 所示，嵌入式系统除处理器内核外，还需要有外围设备的配合才能工作。本书第 5 章将对各种常用的外围设备进行讨论，并展示其具体实现方式。

> **说明**：第 5 章中讨论的外围设备实现都是基于美国 PulseRain Technology 公司的 RTL 库。该库提供 GPL（General Public License，通用公共授权）和商业授权两种授权方式。本书第 10 章将对此作详细讨论。如果读者需要将该库使用于不符合 GPL 授权的场景，请与 PulseRain Technology 公司联络商业授权事宜。

1.10 资料来源

本章的内容有部分引用参考了以下文献：

本书与 FPGA 相关的内容，有部分参考了笔者所写的另外一本英文著作：GU Changyi. Building Embedded Systems，Programmable Hardware[M]. New York：Apress，2016.

本书与 RISC-V 相关部分，主要参考了 RISC-V 基金会官方公布的标准。这些标准文档都以 Creative Commons（CC BY）协议发布。根据 CC BY 协议要求，现将它们的相关信息罗列如下：

（1）The RISC-V Instruction Set Manual，Volume I：User-Level ISA，Document Version 20190608-Base-Ratified，Editors Andrew Waterman and Krste Asanovi'c，RISC-V Foundation，March 2019.

（2）The RISC-V Instruction Set Manual，Volume II：Privileged Architecture，Document Version 20190608-Priv-MSU-Ratified，Editors Andrew Waterman and Krste sanovi'c，RISC-V Foundation，June 2019.

（3）RISC-V External Debug Support，Version 0.13.2，Editors：Tim Newsome，Megan Wachs，SiFive，Inc.，Fri Mar 22，2019.

除了上述官方文档以外，对 RISC-V 设计思想的诠释，主要参考了下面的著作：

（1）David Patterson，Andrew Waterman. The RISC-V Reader：An Open Architecture Atlas[M]. San Francisco CA：Strawberry Canyon，2017.

（2）Andrew Shell Waterman. Design of the RISC-V Instruction Set Architecture[D]. Berkeley：University of California，2016.

（3）SiFive. SiFive E20 Core Complex Manual v19.08p0[EB/OL]. [2019-09]. https://sifive.cdn.prismic.io/sifive%2F0c97b21c-3e2c-4301-beb2-bbd73a55b1fa_sifive+e20+v19.08+manual+v19.08.pdf.

（4）SiFive. SiFive E31 Core Complex Manual v19.08p0[EB/OL].[2019-09]. https://sifive.cdn.prismic.io/sifive%2Fc89f6e5a-cf9e-44c3-a3db-04420702dcc1_sifive+e31+manual+v19.08.pdf.

1.11 代码资源

本书所涉及的代码，都已经通过 PulseRain Technology 公司在 GitHub 的官方账号公开发布。为方便国内读者访问这些代码，现已将这些相关的 GitHub 仓库都压缩为 zip 文件格式，扫描本书封底中的本书资源代码即可获得。本书中对具体代码的讨论，都会引用这些 zip 文件的文件名。

第 ② 章

FPGA

Among Smith's greatest business decisions was to pioneer Altera as a fabless, or factory-less, chip maker, a move unheard of when he joined the firm in 1983, but since copied by a generation of Silicon Valley semiconductor startups.

Altera pioneer Rodney Smith remembered
San Jose Mercury News，May 29，2007

史密斯最重要的商业决定就是为阿尔特拉开创了无晶圆设计模式。在 1983 年他刚刚加入公司时，这种模式还闻所未闻。但是这种做法随后被整整一代的硅谷科创公司所采用。

纪念业界先驱，阿尔特拉 前首席执行官罗尼·史密斯
2007 年 5 月 29 日 圣何塞水晶报

2.1 FPGA背景概述

近年来随着数字通信和人工智能的普及，FPGA 器件开始得到了大规模的应用。FPGA（Field Programmable Gate Array）是现场可编程门阵列的英文缩写。提到 FPGA，必然要先提一下传统数字芯片的设计与制造流程。对于传统的数字芯片，一般的工序是：

（1）电路设计工程师完成逻辑电路设计。

（2）综合（Synthesis）工程师将逻辑设计转化成等效的门电路。

（3）版图设计（Layout）工程师继续完成门电路的放置与布线（Place & Route）。

（4）检测与验证：静态时序分析（Static Timing Analysis，STA）、门级电路仿真（Gate Level Simulation）等。

（5）在设计通过所有的检验步骤后，设计单位会将产生的 GDSII[1] 文件交由半导体加工厂商。半导体加工厂商会据此制作光罩、光刻 / 蚀刻晶圆，并完成后端测试、封装等一系列工作（这中间可能会涉及不止一家厂商，例如晶圆代工和封装测试可能会由不同的公司来完成）。

由此可以看到，传统的数字芯片从设计到流片需要经过众多的步骤。除了上文前 4 步所涉及的工程师和人力成本以外，第 5 步的流片制造还涉及巨大的 NRE Cost（Non-Recurring Engineering Cost，一次性工程费用）主要用于光罩制作等。

---

[1] 在 GDSII（Graphic Data System II）文件格式得到采用之前，设计单位与芯片代工厂之间一般都采用模式生成磁带来进行数据交换。这就是为什么大家都把流片叫做 Tape-out 的原因。

半导体工艺越先进，往往流片成本也越高，按指数曲线增长的流片成本成为设计公司沉重的经济负担。设计出现纰漏，通常会导致灾难性的后果。这几乎使得芯片设计变成了一项高风险的工作。

于是，富有创新精神的业界先驱们便另辟蹊径，发明了 FPGA。FPGA 主要采取了以下技术思路：

> 任何数字电路都可以看作是由各种逻辑资源通过线路连接而成的，而逻辑资源的种类是有限的（寄存器、与非门等）。不同的电路设计，其主要区别都是连线的方式。如果预先制造这样一种芯片，将大量的逻辑资源按照阵列形式规则地摆放在其中，但是和传统数字专用芯片不同的是，这些逻辑资源之间的连接方式由一个或多个可编程的连接矩阵来决定，而不再是传统芯片里面的硬连线。

这样的话，只要这种芯片里面的逻辑资源足够多，连接矩阵的规模足够大，就可以在功能上等价地实现几乎想实现的任何数字电路，从而使得这种芯片具有很大的通用性。如果使用这种芯片来实现数字电路，则电路的设计者可以专注于设计本身，而无须为筹集流片资金发愁。即使电路设计出现瑕疵，需要修改设计，也只需修改连线矩阵的配置即可，而再也不用冒"流片失败，挥刀自裁"的风险。由于这种芯片可以现场编程，因此有了 FPGA（现场可编程门阵列）这样一个名字。

如果非要用比喻来说明，则可以将传统的专用数字芯片比作古代的雕版印刷术，排版几乎不受限制，但是雕版制作成本高，灵活性差；将 FPGA 比作宋代毕昇的活字印刷术，排版虽然受到一定限制，但是制作成本低，灵活性好。

FPGA 的名字里面提到了"门阵列"，但在实际的 FPGA 器件中，阵列摆放的最小单位往往不是逻辑门，而是厂商自己设计的逻辑单元。对不同的厂商，甚至同一厂商的不同产品线，这种逻辑单元的名称都不同。常见的名称有 CLB（Configurable Logic Block，可配置逻辑块）、ALM（Adaptive Logic Module，自适应逻辑模块）、LE（Logic Element，逻辑单元）等。虽然名字不尽相同，但是这些逻辑单元的内部结构往往都大同小异。

> **说明：** 由于本书所选取的实验平台（小脚丫 STEP CYC10 开发板）使用了
> Intel Cyclone 10 LP FPGA，因此这里以该 FPGA 的逻辑单元结构（如图 2-1 所
> 示，参考 Intel 相关数据手册）为例对此加以说明。

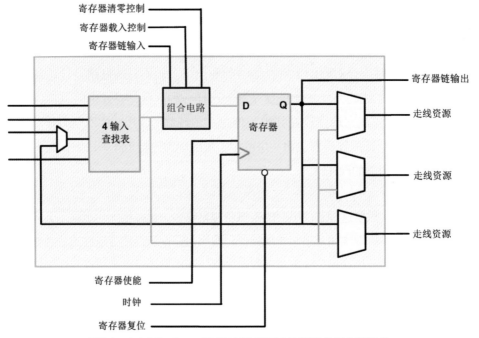

图2-1　Intel Cyclone 10 低功耗 FPGA的逻辑单元内部结构

从图 2-1 的逻辑单元结构可以看出如下特点：

（1）每个逻辑单元包含一个查找表（Look Up Table，LUT），主要用来
负责产生组合逻辑。

（2）每个逻辑单元还包含一个寄存器（D 触发器），负责时序逻辑的产生。

（3）寄存器之间由专门的寄存器链相连接，而查找表之间的连接只能通
过走线资源来实现。

（4）查找表与触发器的数目是 1:1，因此相对普通数字芯片，触发器并
不是最稀缺的资源。

（5）对于复杂的设计，往往需要通过将多个逻辑单元拼接在一起实现。
因此走线资源往往成为 FPGA 布线时的瓶颈。

2.2 FPGA与数字芯片的异同

2.2.1 FPGA 与数字芯片在设计流程上的异同

如前文所述，数字芯片的设计主要包括如下 5 个主要步骤：

（1）逻辑设计与仿真。

（2）综合，将逻辑设计转换成等效的门电路。

（3）放置与布线。

（4）检测与验证，包括静态时序分析等。

（5）流片（Tape-out）。

FPGA 的设计与使用中没有流片步骤，但是对于上面提到的前 4 步，在 FPGA
的设计流程中都有对应步骤。它们与数字芯片设计流程的异同总结如表 2-1 所示。

表 2-1 FPGA 与普通数字芯片设计流程的异同

设计步骤	FPGA	数字芯片
逻辑设计 与仿真	在这一点上二者非常接近，一般采用硬件设计语言进行设计，并进行功能仿真(Functional Simulation)。FPGA 的仿真一般采用 Modelsim（一种 HDL 仿真软件）或由 FPGA 厂商提供的仿真工具。近年来一些开源的仿真工具（如 Verilator 等）也开始得到采用。 另外，对于 FPGA 设计中的一些特殊部分，会在后续章节中详细讨论	
综合	多采用一种综合软件或 FPGA 厂商提供的工具，将逻辑设计转换为等效的逻辑单元电路	采用 EDA 软件厂商提供的工具，如 Synopsys Design Compiler（一种芯片综合软件）等，将逻辑设计转换为等效的门电路

续表

设计步骤	FPGA	数字芯片
放置与布线	有些FPGA厂商也将该步骤称为适配。这一步几乎都会采用FPGA厂商提供的工具。而且设计者除了对工具提供一些指导参数以外，基本上无法再做更多的干预	采用EDA软件厂商提供的工具，如Synopsys IC Compiler（一种版图设计工具）等。设计者可以对版图设计做直接的干预。和FPGA相比，设计者在这一步有更多和更灵活的选择
静态时序分析	多采用FPGA厂商提供的工具	采用EDA软件厂商提供的工具，如Synopsys Prime Time（一种时序分析软件）等
	二者在这一步的设计方法非常类似，一般都需要提供时序约束文件	
其他验证方式	门级（Gate Level）仿真，该步骤耗时冗长。在实践中一般较少运行该仿真，除非怀疑之前的综合或版图设计结果有问题	和FPGA相比，数字芯片的设计者往往需要运行更多的验证工具来保证设计的正确。常用的工具有： • 门级仿真； • 形式验证，以检测综合工具的输入与输出是否等价； • LVS（Layout vs Schematic，原理图与版图一致性检查），以检测版图设计工具的输入与输出是否等价
最终结果	比特流文件，用来对FPGA器件进行现场编程	GDSII文件，交由芯片代工厂流片

结合表2-1，在实际操作中，FPGA的设计步骤大致如下：

（1）用硬件设计语言（Hardware Design Language，HDL）做逻辑功能设计。

（2）将步骤（1）中的设计做仿真，以验证其正确性；重复步骤（1）和（2）直至验证通过。

（3）选择目标FPGA的型号。在设计中加入目标FPGA特有的硬件资源，包括PLL、Serdes Transceiver等。

（4）分配 FPGA 引脚，并对 FPGA 做时序约束。

（5）综合。

（6）布线。

（7）静态时序分析。

（8）生成 Bitstream 文件，用来配置 FPGA 器件。

（9）实验室调试。

2.2.2　FPGA 与数字芯片在功耗上的区别

（1）与数字芯片不同，FPGA 器件并非针对某特定的应用而专门设计的，所以其包含的逻辑资源往往要多于实际的需求。而芯片的静态能耗（Static Power）多来自三极管的漏电。所以和采用相同半导体工艺的数字专用芯片相比，FPGA 一般在静态能耗上要逊色于数字芯片。

（2）对 CMOS 电路来说，其动态能耗（Dynamic Power）大致可以用下面的公式来表示：

$$动态能耗 = \alpha \cdot C \cdot V_{DD}^2 \cdot f$$

其中，α 是活动因子；C 是负载电容；V_{DD} 是工作电压；f 是工作频率。对此，数字芯片往往有多种方法来调整工作电压或时钟频率，以到达节省动态能耗的目的：

- 将芯片分为多个不同的电压区域，对活动因子低的区域，降低其对应的工作电压（Dynamic Voltage Scaling，动态电压调节）。

- 对某些模块采取休眠模式，将其时钟频率调节得非常低，或者彻底关闭时钟。

而这些节能的方法对 FPGA 器件往往不适用，因此 FPGA 在动态能耗上的性能一般不如数字芯片。

由此可见，数字芯片对 FPGA 拥有功耗上的优势。这也是 FPGA 为其灵活性而不得不付出的代价。

2.2.3　FPGA 与数字芯片在性能上的区别

由表 2-1 可以看到，数字芯片的设计者在版图设计阶段比 FPGA 的设计者有更多的选择。为了提高时钟频率，芯片设计者可以把关键路径（Critical Path）上的模块摆放得很接近，并且将连线（Trace）画得更粗，或者使用驱动能力更强的三极管等。而这些方法都不适用于 FPGA。通常来说，数字芯片的工作频率可以比 FPGA 高出很多，这也是 FPGA 为其灵活性而不得不付出的又一种代价。

FPGA 厂商往往将其器件分为不同的速度等级。如果 FPGA 设计者需要更高的工作频率，除了选择采用高速度等级的器件外，还可以采取如下技术手段：

（1）在不改变器件速度等级的情况下，采用同一产品序列中容量更大的器件。一般来说，当逻辑资源与走线资源都比较富裕的情况下，摆放与布线工具就有更多的空间来做优化与路径试探，从而更容易实现较高的工作频率。

（2）根据静态时序分析所提供的关键路径信息，手工插入流水线（Pipeline），即将大块的组合逻辑分解为多个小块的组合逻辑，分布到多个流水线阶段（Pipeline Stage）中。

（3）另外，也可以在流水线的末端多放置几个寄存器，以增加流水线阶段的数量。然后将综合工具中的 Retiming 选项打开，指示工具自动做优化，将组合逻辑在各个流水线阶段之间做均匀分布，以到达提高工作频率的目的。

（4）在 EDA 软件设计者的眼中，放置与布线的问题一般被认为是一个 NP（Non-deterministic Polynomial-time，非确定性多项式时间）完全的问题，即电路所有可能的摆放与走线方式随着电路的规模而呈指数式增长，不存在一个多项式级别的搜索方案。所以在实践中，放置与布线采取的往往不是穷尽搜索（Exhaustive Search），而是启发式搜索（Heuristic Search），并会采用随机数来决定搜索的方向。当某次摆放与走线工具搜索所产生的结果不满足要求时，可以通过更换随机数的生成种子（Seed）来做新的搜索，也许会得到更好的结果。大部分的摆放与走线工具都支持种子扫描，通过不断改变随机数的生成来尝试寻找更优解。

2.2.4　逻辑设计规模的衡量单位

尽管 FPGA 与数字芯片在逻辑设计阶段的方法非常相似，但是在衡量它们的设计规模时，其使用的单位却并不相同。如本章的概述部分所言，FPGA 设计最终会通过多个逻辑单元来实现。所以一般对 FPGA 设计规模的衡量，多根据其所消耗的 LUT（或 LE/CLB/ALM 等）的数量为准绳。而数字芯片常常采用门数来衡量其设计规模。这里的门数一般是指其等价的双输入与非门（NAND2）的数目。由于 FPGA 与数字芯片在物理结构上存在巨大的差异，因此查找表数量与门数之间并不存在简单的数学转换关系。实际上，正是由于二者在物理结构上的差异，才会有数字芯片最优的设计方式，不过在 FPGA 实现时可能不一定是最优的。具体的技术细节，会在后续章节中详细讨论。

2.2.5　避免使用锁存器

与触发器（Flip Flop）不同的是，锁存器（Latch）不是一个时钟边沿触发的器件（Edge Triggered），而是时钟电平触发的器件（Level Trigger）。当时钟电平为高时，锁存器的输出等于输入；当时钟电平为低时，锁存器的输出则保持不变。从图 2-1 可以看出，FPGA 的物理结构中没有与锁存器直接对应的逻辑资源。所以如果在 FPGA 中需要实现锁存器，一般会采用 LUT。但是，由于锁存器并不是纯粹的组合逻辑，在 FPGA 中实现锁存器一般会带来以下问题：

（1）使得电路对时钟的占空比（Duty Cycle）十分敏感。

（2）前面提到，FPGA 中的时钟走线有其专门的时钟网络，以将时钟偏移（Clock Skew）降至最低。由于在 FPGA 中锁存器采用 LUT 实现，使得时钟走线不得不离开 Clock Net 进入其他的走线层，从而对电路性能产生负面影响，并使得静态时序分析变得复杂。FPGA 的软件工具对此往往不能很好地进行精确处理，从而导致时序约束的困难。

基于以上原因，一般在 FPGA 设计中都应该尽量避免使用锁存器。实际上，许多 FPGA 设计中的锁存器都是由设计者无意中产生的。例如在撰写硬件设计语言时，没有在 if-else 中包含 else 分支，或者在 case 语句中没有包含 default 情况。

对此设计者应在综合结束后检查综合报告，以对工具给出的相关警告加以检查。

2.3 FPGA与CPLD的区别

前面提到了 FPGA 与普通数字芯片的区别。这里再顺便提一下另外一种和 FPGA 非常类似的半导体器件——CPLD（Complex Programmable Logic Device，复杂可编程逻辑器件）。CPLD 也是一种可编程逻辑器件，其和 FPGA 的主要区别在于连接矩阵配置数据的存储方式。CPLD 将连接矩阵的配置数据存储于 EEPROM（Electrically Erasable Programmable Read-Only Memory，电可擦除可编程只读存储器）中，所以其掉电后配置数据不会丢失。而 FPGA 则将连接矩阵的配置数据存放于 SRAM（Static Random-Access Memory，静态随机存取存储器）中，掉电后会丢失。所以每次上电以后需要将配置数据重新载入 SRAM 中，以对 FPGA 重新编程。

虽然 FPGA 的配置数据掉电会丢失，但是由于 SRAM 的存储密度远高于 EEPROM，与 CPLD 相比，FPGA 的容量可以大很多，可以实现更多的逻辑资源。传统上，FPGA 的配置数据一般都存储在片外（Off Chip）的闪存（Flash Memory）上。近年来，FPGA 厂商开始在片上（On Chip）集成闪存，从而也可以在功能上实现配置数据的掉电不丢失。所以有时这一类 FPGA（例如 Intel MAX10 系列）也称作 CPLD。

2.4 FPGA开发中硬件设计语言的选择

由表 2-1 可以看到，FPGA 与数字芯片在逻辑设计阶段的设计方法非常相似，一般都是通过 HDL（Hardware Design Language）来实现的。下面介绍与讨论实践中常用的几种语言。

2.4.1 VHDL 与 System Verilog / Verilog

目前大部分的 FPGA 综合工具都会支持这两类硬件设计语言。其中 VHDL 的全称是 VHSIC Hardware Description Language，是美国国防部在 1980 年资助研发的一种硬件开发语言。许多美国政府的供应商都采用 VHDL 为其硬件设计语言（该语言在问世之初，曾一度受到美国军火出口管制的限制）。而在同一时期，Verilog 也由美国 Gateway Design Automation 公司开发成功（该公司后来被 Cadence 收购）。而 System Verilog 可以被看作是 Verilog 的升级加强版。经过不断的改进和演变，Verilog 和 System Verilog 最终都成了 IEEE（Institute of Electrical and Electronics Engineers，电机电子工程师学会）的技术标准，为许多商业项目所采用。

在漫长的职业生涯中，笔者有幸参与到这两类硬件设计语言的相关项目中。在大多数情况下，人们对硬件语言的选择往往在公司成立之初便已决定。之后随着公司的发展壮大，大量的项目和代码模块库都基于该选择而设计并优化，以至于选用不同的硬件语言来设计新项目变得几乎不可能。但是基于实际使用体验，笔者建议 FPGA 设计者在能够做出选择的情况下，采用 Verilog / System Verilog，特别是 System Verilog 进行设计。这主要基于以下原因：

（1）VHDL 是一种强类型语言。语言的设计者可能希望这种强类型能帮助工程师避免不必要的低级错误。但是在实际应用中，现代的 EDA 工具早已经可以达到同样的目的。而强类型语言会导致代码中出现许多的类型转换，使得代码变得冗长晦涩。

（2）VHDL 和 Verilog 语言在设计之初对设计验证（Verification）的支持都比较弱。但是随着 System Verilog 的引入，这一情况得到了极大的改观。特别是目前流行的断言验证（Assertion Based Verification，ABV）更适合用 System Verilog 来实现。而即使在最新的 VHDL 2008 标准中，对设计验证的支持依然远不如 System Verilog。

（3）对仿真来说，基于 Verilog 的仿真要比基于 VHDL 的仿真快约 20%，以至于大部分 IP 厂商在提供仿真模型时，特别是门级的仿真模型时，都会首选 Verilog（尽管 VHDL 也可以通过 VITAL 库来实现门级的仿真，但是其性能依然无法与 Verilog 匹敌）。这就导致当 VHDL 的设计团队需要采用第三方的 IP 时，往往不得不采用混合语言来仿真。也就是说，设计团队在购买仿真工具的许可证时，需要购买 VHDL 和 Verilog 两种语言的许可证。众所周知，EDA 软件工具的许可证往往都非常昂贵，使得 VHDL 在这方面处于不利的地位。

基于上述原因，本书的余下部分都会用 System Verilog 作为首选设计语言。

2.4.2　HLS

在基于 FPGA 的数字信号处理中，传统设计方法一般需要经过以下步骤：

（1）算法工程师先撰写设计文档，描述算法，并用 C/C++ 语言实现算法，然后生成定点数的测试向量。

（2）FPGA 工程师则根据算法工程师提供的设计文档做 RTL 设计，并使 RTL 设计的输入输出与算法工程师给出的测试向量相符合。

（3）算法工程师生成更多的测试向量，以保证一些极端的情形会被测试发现（如输入过载等），FPGA 工程师则继续进行测试与改进，以保证其设计能通过所有的测试向量。

不难看出，上述的这个过程有许多手动设计的成分，甚至包括多个步骤的反复设计。其设计过程冗长，而且容易出错。

近年来，FPGA 厂商开始推出了 HLS（High Level Synthesis，高级综合）工具，以帮助算法的设计者直接将 C 语言转化为硬件设计语言，进而能使算法很快地在 FPGA 上得到验证。但这类工具的出现会导致大批 FPGA 工程师失业。

幸运的是，数字信号处理只是 FPGA 设计工作的一部分。目前的 HLS 工具对 C 语言的写法还有众多的限制，其结果还无法与手工设计相比。而且不同的 FPGA 厂商，其 HLS 工具也还无法相互兼容。但是，HLS 作为一种快速设计方法，对算法工程师快速验证并改进算法有着实际意义，可以与传统方法相结合使用，以提高设计效率。

> **说明**：由于 HLS 的特殊性，本书不打算对此做进一步展开。有兴趣的读者可以参阅 FPGA 厂商的相关资料。

2.4.3　System C

在 21 世纪初，当 Verilog 开始向 System Verilog 演进时，工业界的另外一些开发人员也开始尝试将面向对象的高级语言直接作为硬件描述语言。System C 便是这一尝试的典范。System C 用 C++ 语言专门设计了一套类库来描述各种的逻辑器件，其好处主要有两点：

（1）许多系统算法都是用 C/C++ 来编写的，使用 C++ 做硬件描述语言更有利于系统层面的设计。

（2）System C 只是一套类库，其运行和仿真可以完全脱离 Modelsim 这样的仿真器。

然而需要指出的是，System C 并不是前文所述的 HLS，即它无法代替设计者去自动生成硬件设计。设计者依然要做架构层面的规划，并在不同的硬件设计策略之间做出选择。

> **说明**：笔者个人对 System C 并无成见，实际上笔者也曾用 System C 做过数字芯片的设计，并对其高级语言的特性非常赞赏。然而出于种种原因，FPGA 厂商对 System C 并不是非常支持。目前主流的 FPGA 设计工具都缺乏对 System C 的支持，所以本书对 System C 的讨论到此为止。

2.4.4　Chisel / SpinalHDL

尽管 System Verilog / Verilog 在数字逻辑的设计中得到了广泛的应用，但是许多学院派设计人员依然对其颇多微词。其中诟病最多的地方就是与 C++ 或 Java 这些高级程序设计语言相比，System Verilog / Verilog 这类硬件设计语言过于啰唆。例如仅仅为了描述一个触发器，Verilog 就需要用一段 5 或 6 行 always 描述来表示触发器的复位、时钟边沿、数据加载等。换句话说，System Verilog / Verilog 的抽象性还不够。

于是，美国加州大学伯克利分校的研究人员便提出了 Chisel 语言（Constructing Hardware in a Scala Embedded Language）。正如其名字所指出的，Chisel 用 Scala 语言来描述各种逻辑器件。在这一点上，Chisel 和 System C 有异曲同工之妙。不过和 System C 不同的是，Chisel 目前还不能直接被综合成硬件设计语言。在使用 Chisel 时，需要先将其翻译成 Verilog 语言，然后再进行 Verilog 语言的综合处理。

Chisel 语言在 RISC-V 处理器的开发中得到了广泛应用，但是和 System C 一样，Chisel 也不是 HLS 语言，所以它无法代替设计者做自动设计。

和 System C 一样，Chisel 进一步推动了面向对象的高级语言在 HDL 中的应用，而且其语言使用非常简洁。在本书撰写之际，Chisel 还在不断地升级发展中（目前 Chisel 最新的版本是 Chisel 3）。但是由于其发展历史相对较短，导致相关文档不够丰富，FPGA 设计工具也缺乏对其的直接支持。不过作为一种新的设计语言，Chisel 值得被持续关注。

另外，在 Chisel 语言被推出以后，其他语言设计者对其做了改进，推出了 SpinalHDL 语言。同 Chisel 一样，SpinalHDL 也是基于 Scala 语言的，有兴趣的读者可以在 GitHub 上找到 SpinalHDL 更多的信息。

2.5　FPGA的片上内存

除了提供逻辑资源之外，目前大部分 FPGA 厂商都会在其产品中提供片上内存（Block RAM，BRAM），与数字芯片不同的是，这些内嵌在 FPGA 中的 Block RAM，其大小往往都是固定的。因此在分配使用这些 Block RAM 时，应注意使用的效率，以使实际使用的内存大小等于或接近 Block RAM 的大小。另外，在 FPGA 设计中使用这些 Block RAM 时，还需要注意以下几点：

（1）一般来说，这些 Block RAM 的输出驱动能力都要弱于触发器，如果直接让这些 Block RAM 的输出参与很多组合逻辑，则可能会对时序收敛（Timing Closure）产生影响。所以对于时钟主频较高的设计，建议将 Block RAM 的输出用寄存器保存后再加入组合逻辑。

（2）这些 Block RAM 可以被设置成多种读写方式，常用的有三种。

① 单口读写 RAM（Single Port RAM），如图 2-2 所示。

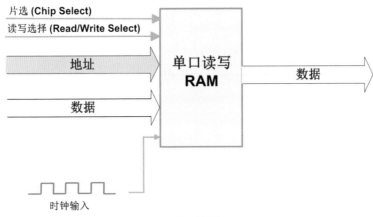

图2-2　单口读写RAM

② 简单双口读写 RAM（Simple Dual Port RAM），如图 2-3 所示。

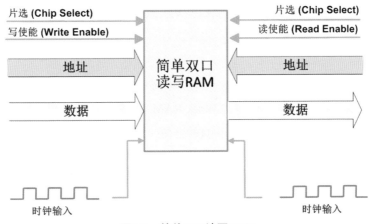

图2-3　简单双口读写RAM

③ 真双口读写 RAM（True Dual Port RAM），如图 2-4 所示。

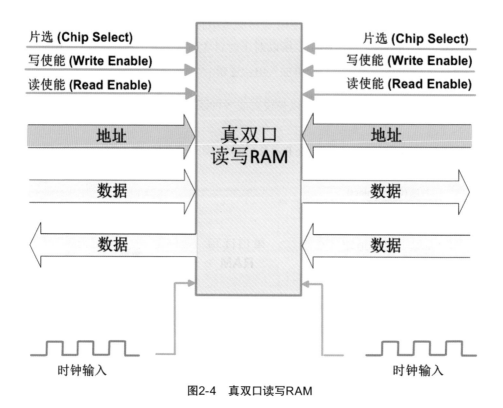

图2-4　真双口读写RAM

> **注意**：并不是所有 FPGA 厂商的 Block RAM 都支持真双口读写 RAM 方式。如果 FPGA 设计有可移植性（Portability）需求，尤其是在未来有可能被移植到非 Xilinx/Intel 的 FPGA 上，则建议设计者尽量避免使用真双口读写 RAM 方式。

另外，大部分 FPGA 厂商都会在用户手册中标明如何用某些特殊的 Verilog/VHDL 写法来描述上面提到的各类 Block RAM，以使其综合工具能够自动推断出对应的片上内存。为了可移植性和仿真的方便，建议设计者尽量采取厂商的建议来推断内存。在厂商提供的编辑工具中，一般也支持样本（Template）插入，可以将对应的 Verilog/VHDL 写法直接插入到 FPGA 设计的源代码当中。

2.6 用FPGA实现双向同步SRAM接口

在大多情况下，FPGA 是作为微控制器（Microcontroller）的外围设备而存在的，FPGA 可以通过双向同步 SRAM 接口，将自己映射到微处理的内存空间中。传统的 SRAM 有时也被称为 6T SRAM，因为每个 SRAM 的单元由 6 个三极管（Transistor）组成，它们的接口通常包括如表 2-2 所示的信号。

表 2-2　传统 SRAM 的接口信号

信 号 名 称	信 号 描 述
CLK	时钟
CS* (or CE)	片选 (Chip Select or Chip Enable)
A	读写地址
OE* (or OD)	输出使能（低有效）或输出禁止（高有效）
R/W*	读（高有效）或写（低有效）
D	数据总线（双向）

由于微处理器制造厂商不同，因此其访问外部总线的方式也会略有不同。对于传统的双向数据总线，工业界有两类访问方式：英特尔 8080 与摩托罗拉 6800，二者大同小异。当它们访问表 2-2 中的 SRAM 时，其信号的对应关系如表 2-3 所示。

表 2-3　英特尔 8080 与摩托罗拉 6800 的信号对应关系

SRAM信号	英特尔 8080访问方式	摩托罗拉 6800访问方式
CLK	CLK	CLK
CS*	$\overline{\text{CS}}$	$\overline{\text{CS}}$
A	A	A
OE*	$\overline{\text{RD}}$	(not E)or(not R / $\overline{\text{W}}$)
R/W*	$\overline{\text{WR}}$	(not E) or R / $\overline{\text{W}}$
D	D	D

当用FPGA来实现双向总线时,其要诀是使用三态门来避免读写时的总线冲突。图 2-5 展示了一个简化的双向总线实现方式(英特尔 8080 访问方式)。其对应的 System Verilog 如下:

代码 2-1　双向总线

```systemverilog
module FPGA_SRAM (
//========== INPUT ==========
    input wire clk,
    input wire reset_n,
    input wire oe_n,
    input wire rw_n,
//========== OUTPUT ==========
    ...
//========== IN/OUT ==========
    inout wire [7 : 0] data
    ...
);

    logic [7 : 0]   sram_data;
    assign data = ? oe_n : sram_data : 8'bZ;
     ...
    // SRAM data
    always_ff @(posedge clk, negedge reset_n) begin
        if (!reset_n) begin
            sram_data <= 0;
        end if (!rw_n) begin
            sram_data <= data;
        end
    end // end of always

    ...
```

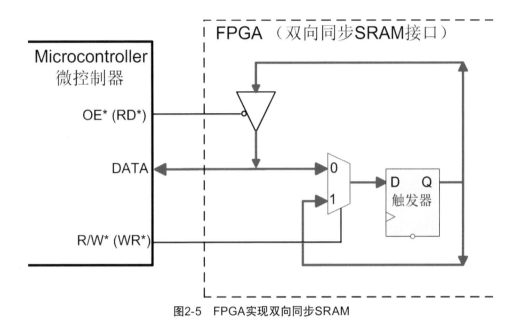

图2-5 FPGA实现双向同步SRAM

2.7 FPGA的DSP Block

目前，大部分 FPGA 厂商还会在其器件中提供 DSP Block，其中会包含 1 或 2 个硬核乘法器。而乘法器是数字信号处理中经常需要用到的资源，一般来说，大部分的 FPGA 综合工具都会直接将 Verilog/VHDL 源代码中的乘法操作映射到硬核乘法器上。但是，对于以下情况，设计者可能需要做一些额外的处理。

（1）算法所需要的乘法器数量超过了 FPGA 所携带的所有乘法器总和。

在这种情况下，由于硬件资源不足，因此可以考虑提高时钟频率，以复用现有的乘法器资源。

（2）综合工具没能充分利用 DSP Block 上所有的乘法器。

有的时候，综合工具产生的结果只利用了每个 DSP Block 中的一个乘法器，

而不是全部。如果不能通过调整工具参数来解决这个问题，设计者可能要根据所用 FPGA 器件的 DSP Block 结构，手工撰写一个与其相同结构的模块（模块中包括 DSP Block 中的所有乘法器），以让综合工具能推断出乘法器利用率更高的 DSP Block。这种做法的缺点是为提高 DSP Block 的使用效率而牺牲了代码的可移植性，但是在某些情况下，例如后续章节会提到的脉动滤波器（Systolic Filter）也不得不采用。

（3）调整算法以节约乘法器。

DSP Block 通常会在 FIR 滤波器中得到大量的应用。一种常见的情况是用分数滤波器（Fractional Filter）调整采样率。例如对于一个采样率调整为 49/32 的滤波器（即 49 倍插值率，32 倍抽取率），如果没有乘法器复用，直接实现一般需要 $49 \times N$ 个 Tap（抽头系数）。但是，如果将其拆分为 7/8 与 7/4 两个小的滤波器，则总的 Tap 数量则会少许多。

2.8 时钟与复位

对数字电路设计来说，时钟和复位都是首要解决的基本问题。由于 FPGA 具有特殊结构，因此，为了降低时钟偏移（Clock Skew），即尽量让时钟能在同一时刻到达各个触发器，FPGA 中的时钟信号是通过专门的时钟网络（Clock Net）来走线的，这种时钟网络往往是专门设计的类似 H 形的树状结构，如图 2-6 所示。

相对应的是，FPGA 的外部参考时钟输入往往被固定在有限的某几个引脚，并通过 PLL（Phase Lock Loop，锁相环）来接入到时钟网络。同时，PLL 的锁相成功指示标志（Locked Flag）可以被用作异步复位信号。因此，一般 FPGA 常用的时钟与复位信号的设置如图 2-7 所示。

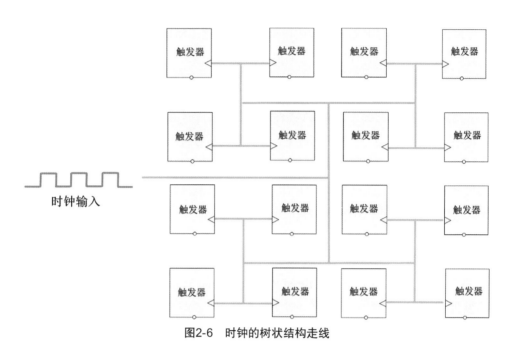

图2-6　时钟的树状结构走线

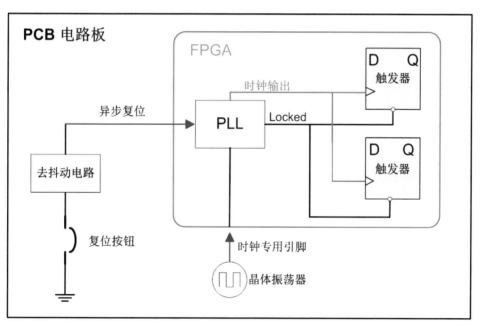

图2-7　基于PLL的时钟与复位

对于图 2-7 中左下角的复位按钮与去抖动电路（Debouncer），在实际电路板设计时往往采用专用芯片来代替。有的专用芯片除包含上述的去抖动电路与复位按钮外，还支持看门狗（Watch Dog）的功能。

然而，在某些情况下，FPGA 器件可能已经自带有电阻电容振荡器，此时 PLL 也许不一定会被用到。在这种情况下，异步复位信号将由设计者置入。但是，这时设计者可能需要为异步复位信号准备一个同步电路（Synchronizer），以提高电路的可靠性，减小亚稳态（Meta Stability）发生的概率。如果设计者将异步复位信号不经过同步而直接接入电路，则会带来以下问题：

（1）当复位被移除时，其发生的时刻也许会非常接近时钟的上升沿，从而引起复位恢复时间违规（Reset Recovery Time Violation），导致亚稳态的发生。

（2）由于异步复位信号到达各个触发器的时刻不尽相同，因此在亚稳态情况下，并不是所有的触发器都会在同一个时钟边沿从复位状态回到工作状态，从而造成电路初始状态的混乱。

一般来说，异步复位信号的同步电路，可以采用图 2-8 中的方案。当复位信号被移除时，图 2-8 中右边的那个触发器的输入和输出都处于低电平状态，从而避免了亚稳态的产生。

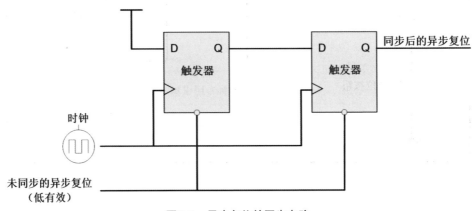

图2-8　异步复位的同步电路

前文提到，在数字芯片中，设计者可以引入时钟门控技术（Clock Gating），在必要时关闭时钟，以降低芯片的动态功耗。时钟门控技术的芯片设计方案有很多，图 2-9 中展示了其中的一种方案。该方案采用了双触发器对时钟使能信号进行同步，并且第二个触发器是下降沿触发（Falling Edge Trigger），以保证时钟门控技术的开与关都在时钟信号的低电平阶段生效，无毛刺。

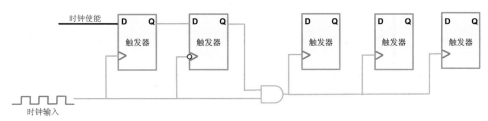

图2-9 芯片设计中的时钟门控技术

虽然图 2-9 中的设计方案不包含锁存器，但是上述设计却仍不建议在 FPGA 中使用。事实上，在 FPGA 设计中，设计者应避免对时钟信号采取任何形式的额外操作，这是因为 FPGA 器件中的时钟信号是通过专门的时钟网络来走线的，这种时钟网络往往是专门设计的类似 H 形的树状结构（见图 2-6），以到达减小时钟偏移（Clock Skew）的目的，因此，任何对时钟的额外操作，都会导致时钟走线无法完全利用时钟网络，从而导致时钟偏移变大，并使得时序收敛（Timing Closure）变得困难。换句话说，在 FPGA 设计中，时钟应该直接由 PLL 产生，并被直接连到触发器的时钟输入上。不要在触发器的时钟输入上加任何形式的额外电路，也不要直接把某些触发器的输出作为其他触发器的时钟。

在 FPGA 设计中，实现类似时钟门控技术功效，主要有两种方法：

（1）将产生时钟的 PLL 关闭，或者用 FPGA 厂商提供的时钟切换 IP 核在快慢时钟之间切换（例如需要让设备进入休眠模式时，可以将部分电路的时钟从高速时钟切换至 32.768 kHz）。这样也可以起到降低动态功耗的作用。

（2）采用同步使能信号来控制，如图 2-10 所示。使用这个方法，当使能控制为低电平时，时钟依然开启，但是触发器的输入却都被置零，从而在功能上到达与时钟门控技术类似的效果。但是由于时钟信号依然开启，其节能效果不如真正的时钟门控技术。另外，使能控制信号本身还会消耗部分的走线资源。

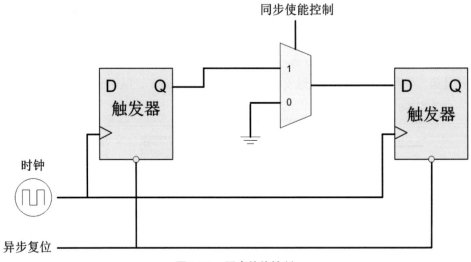

图2-10　同步使能控制

前文提到，在 FPGA 设计中，时钟应该直接由 PLL 产生，并被直接连到触发器的时钟输入上。但是在某些情况下，例如后文会提到的源同步总线（Source Synchronous Bus），需要将 PLL 产生的时钟在 FPGA 的引脚上输出。在这种情况下，FPGA 厂商一般会提供一个双边沿的信号输出 IP（例如 Intel FPGA 中的 ALTDDIO_OUT）。设计者可以将 PLL 产生的时钟连接到该 IP 的时钟输入上，借助该 IP 来产生时钟输出。同时设计者还需要做相应的时序约束，以保证设计的稳定性。在本书后续章节的综合实验平台部分，会对此给出详细的实例。

2.9 时钟域跨越

在数字逻辑的设计中，一个首要的原则就是要坚持做同步设计。在同步设计中，所有的信号在通过组合逻辑后，都要由触发器在同一个时钟域中做同步处理，如图 2-11 所示。如果时序收敛，则所有组合逻辑可能产生的毛刺都会在下个时钟边沿到达之前被解决掉（Settle）（准确地说，是在下个时钟边沿的建立时间之前）。另外，组合逻辑中不应存在组合环路（Combinational Loop），也就是说组合逻辑的输出不可以在不经过触发器的情况下被直接反馈到该组合逻辑本身。

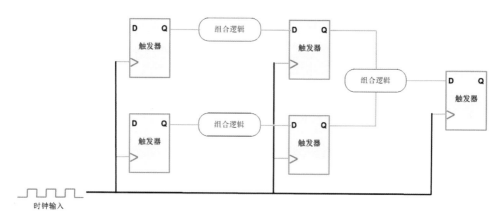

图2-11　同步设计样例

之所以在数字逻辑中坚持同步设计的原则，是因为同步设计对延迟和 Layout 不敏感。只要能实现时序收敛，一般就可以保证电路的稳定工作。而与之相对应的异步电路，则存在竞争冒险、延迟相关等一系列问题。这就导致异步电路对半导体工艺参数变动（Process Variation）和温度的变化非常敏感。而且布线方式的改变，也会对异步电路的行为表现产生影响。

对 FPGA 设计来说，不同的 FPGA 厂商所采用的半导体工艺都不尽相同，即使同一厂商，其工艺也在不断地升级优化过程中。而且与数字芯片不同的是，FPGA 的布线会经常性变化，因此对 FPGA 设计来说，异步设计的坏处会变得更加明显。而静态时序分析工具对异步电路也缺乏很好的处理方法，所以经过多年的工业实践以后，业界一致认为坚持同步设计是保证数字电路稳定工作的必要条件。

注解：异步电路的特殊应用

虽然异步电路有众多的问题，但其也并非洪水猛兽。在某些特殊的应用领域 (Niche Market)，例如路由器，异步电路仍有其用武之地。因为异步电路在 FPGA 设计中历来被视为异端（笔者对其也只是略知皮毛），所以本书对异步电路设计不再做进一步讨论。

如果读者对异步电路设计感兴趣，可以到下面的网站做进一步的了解。

USC Asynchronous CAD/VLSI Group (http://jungfrau.usc.edu/)

然而，实际情况往往是在设计中存在多个不同步的时钟域，或者设计需要接收来自外部的信号，这些都使得时钟域跨越（Clock Domain Crossing，CDC）成为无法回避的问题。下面讨论设计中经常遇到的各类 CDC 的情形。

2.9.1 单个电平信号的时钟域跨越

单个电平信号的时钟域跨域如图 2-12 所示。对于单个电平信号的时钟域跨越，一般的做法是在终点时钟域中用两个或多个触发器串联来作为信号的同步器。

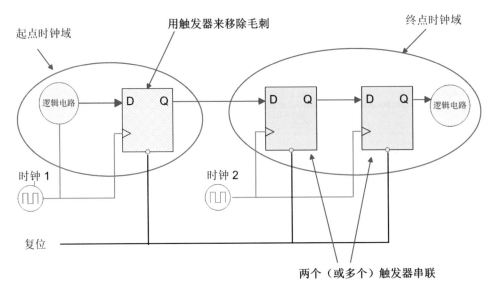

图2-12 单个电平信号的时钟域跨越

由于来自起点时钟域的信号与终点时钟域并不同步，在串联的触发器序列中的第一个触发器会有建立时间违规（Setup Violation）或者保持时间违规（Hold Violation），从而导致亚稳态，即其输出电压会介于 V_{IL}（低电平阈值）和 V_{IH}（高电平阈值）之间，呈不确定状态。但是触发器从亚稳态状态中恢复的概率随时间呈指数式增加。所以当信号到达第二个触发器时，其产生建立时间违规或保持时间违规的概率变得非常小。所以业界一般认为，当异步信号经过两个串联的触发器同步后，其产生亚稳态的概率几乎可以忽略不计，从而达到将其同步的目的。

注意：当信号离开起点时钟域时，需要由触发器来驱动，而不能由组合电路来驱动（见图2-12）。这是因为组合电路会产生毛刺，在起点时钟域中的最后那个触发器可以起到过滤毛刺的作用。否则，由于这些毛刺与终点时钟域并不同步，它们很可能会在终点时钟域中产生误触发。笔者早年由于学艺不精，就曾经犯过这样的错误，使得某通信发射机每隔半小时左右就会误发射，导致笔者和其他多名无辜人士连续多晚深夜加班，甚至失眠与脱发，在此笔者深表歉意。

2.9.2　单个脉冲信号的时钟域跨越

有的时候，需要时钟域跨越的信号可能是一个脉冲信号，而不是电平信号，即在起点时钟域中的一个单时钟周期的脉冲，在时钟域跨越以后，在终点时钟域中也是一个单时钟周期的脉冲。由于起点时钟域和终点时钟域的时钟周期不同，以及亚稳态导致的不确定性，因此，图2-12中的电路对此是无法支持的。

业界对此的常用解法是采用翻转同步器（Toggle Synchronizer）电路（该电路最早出现是在2003年的EDN杂志上），其大致思路如图2-13所示。

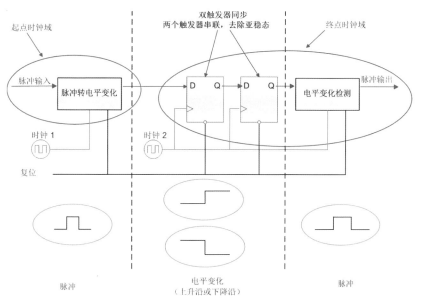

图2-13　单个脉冲信号的时钟域跨越

在图 2-13 中的左边的起点时钟域中，每个完整的脉冲输入都会被转化为电平的变化。而转化后的电平信号经过中部的双触发器同步后，由右边的边沿检测器检测到电平的变化，并在终点时钟域中重新产生一个单周期的完整脉冲。整个设计包括脉冲转电平变化（Pulse to Toggle）、双触发器同步（Two Flip-Flop Synchronizer）、电平变化检测（Edge Detector）三部分。

在实现时，图 2-13 中左边的脉冲转电平变化电路可以用如下的 System Verilog 来实现：

代码 2-2　脉冲转电平变化

```
always_ff @(posedge clk, negedge reset_n) begin
    if (!reset_n) begin
        toggle_out <= 0;
    end else begin
        if (data_in) begin
            toggle_out <= ~toggle_out;
        end
    end
end
```

而图 2-13 中部的双触发器同步已经在图 2-12 介绍过。

图 2-13 中右边的电平变化检测则可以用如下的 System Verilog 代码来实现：

代码2-3　电平变化检测

```
logic data_in_d1;
wire  pulse_out;

always_ff @(posedge clk, negedge reset_n) begin
    if (!reset_n) begin
        data_in_d1 <= 0;
    end else begin
        data_in_d1 <= data_in;
    end
end
```

```
assign pulse_out = data_in ^ data_in_d1;
```

注意：当用图 2-13 连续传送脉冲时，务必要保证脉冲之间有足够的间隔。

2.9.3 多比特总线的时钟域跨越

由于亚稳态导致的延迟不确定性，使得多比特总线（数据或地址）时钟域跨越的情况变得更加复杂。如果只是简单地将图 2-12 中的电路按照总线位宽重复 n 遍，则在起点时钟域中与时钟边沿对齐的数据，在到达终点时钟域后则可能会发生数据错位。图 2-14 展示了多比特数据总线跨越时钟域后发生数据错位的情形。

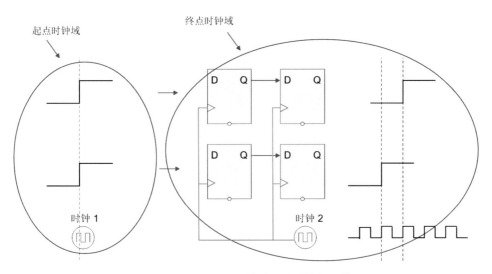

图2-14　多比特总线时钟域跨越时的数据错位

为此，对多比特总线（数据或地址）时钟域跨越的情况，可以采取以下几种方法减少错误：

1）格雷编码（Gray Code）的计数器

如果在总线上传输的数据是一个计数器值，则可以将原始二进制的计数器值转换为格雷码后再传输。格雷码的特点是相邻数值之间只有单个比特不同。这样，

图 2-14 中的数据错位则不再是一个问题,因为在格雷编码的情况下,这些数据错位问题被转化为数据传输延迟的不确定性问题。

表 2-4　三位的格雷编码

未编码的二进制数	格 雷 编 码
000	000
001	001
010	011
011	010
100	110
101	111
110	101
111	100

2)异步 FIFO（First In，First Out，先进先出队列）

作为一个更通用的方法,异步 FIFO 可以被用来作为总线时钟域跨越的利器。一般来说,异步 FIFO 主要由以下三部分组成:

（1）简单双口读写 RAM（如图 2-3 所示）。

（2）读指针。

（3）写指针。

在上面这三部分中,读写指针分别工作在不同的时钟域中,如果需要确定 FIFO 的"空"或"满"状态,则需要将二者进行比较。这里就涉及将读写指针的值跨越到对方时钟的问题。幸运的是,读写指针实际上都是顺序累加的计数器,所以上文的格雷编码便在此有了用武之地。图 2-15 展示了异步 FIFO 的一般内部结构。

在实际应用中,FPGA 厂商都会提供相应的 IP 来实现异步 FIFO,所以设计者一般都无须再造轮子（Reinvent the Wheel）。

3)利用翻转同步器做数据选通脉冲（Enable Strobe）

上面提到的异步 FIFO 固然是一个很好的通用方法,但是其缺点是需要的

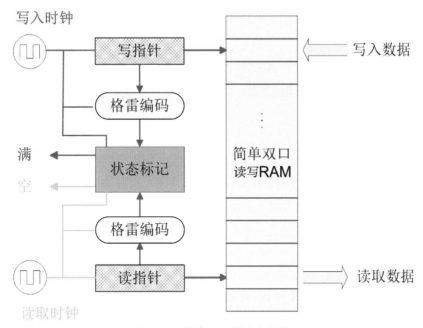

图2-15　异步FIFO的内部结构

硬件资源比较多（片上内存、格雷码编码器等）。如果需要时钟域跨越的数据变化不是特别频繁，可以考虑利用前面所提到的翻转同步器来传输数据选通脉冲，其具体做法如图 2-16 所示。

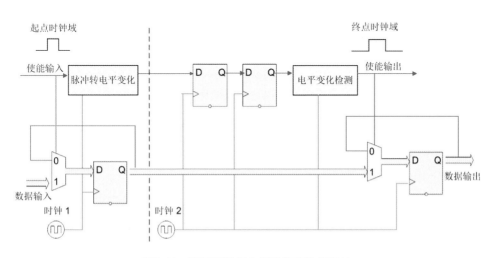

图2-16　利用翻转同步器做数据选通脉冲

在图 2-16 中，使能信号（Data Strobe）通过翻转同步器跨越了时钟域，而数据则没有经过任何其他的同步电路，直接进入了终点时钟域。这是因为图 2-16 中的电路假设数据变化不频繁，当使能信号到达终点时钟域时，数据依然保持不变。这也显示了该方法和异步 FIFO 相比的局限性，即无法对变化频率很高的数据进行处理。

4）利用双端口内存

前文提到的双端口片上内存也可以被用来作为不同时钟域之间数据交换的手段。在处理器与逻辑电路互动时，经常用到这种方式。此时的处理器可以是 FPGA 片上的软核处理器，也可以是在 FPGA 片外的硬核处理器。

2.10 有限状态机的System Verilog模板

随着 FPGA 设计规模的不断扩大，利用分治法（Divide and Conquer）来实现模块化设计几乎是所有设计团队都会采用的策略。一般来说，任何数字设计都可以分为两大部分：控制器和数据通路。其中控制器可以看作是整个设计的头脑，其中往往包括一个或多个有限状态机（Finite State Machine，FSM）。而数据通路则是一个或多个功能模块的集合。这些功能模块会接收控制器发出的指令，执行相应的操作，并将需要的结果返回给控制器。如图 2-17 所示，当设计规模变得很大时，每个功能模块也会包含属于自己的控制器和数据通路。通过这种方法，便可以将大的模块分成相对独立的许多小模块，以达到模块化设计的目的。

由于有限状态机是控制器的主要组成部分，因此，如何在 FPGA 上高效地实现有限状态机便成了一个重要的话题。从数字设计的角度来看，有限状态机主要由以下两部分组成：

（1）状态寄存器（State Register），用来保存 FSM 的当前状态。

（2）组合电路，用来决定状态转换和控制输出。

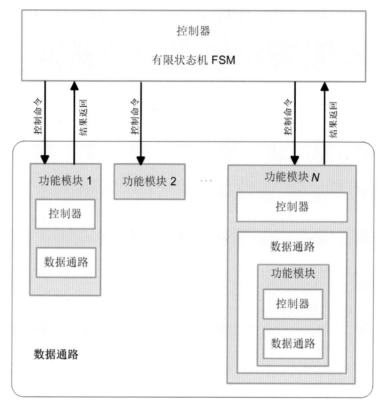

图2-17 控制器与数据通路

在一般的数字芯片设计中，其设计目的往往是尽量减少触发器的数量。所以对于有 N 个不同状态的有限状态机，只需要使用 $\mathrm{lb}N$ 个触发器就可以实现状态寄存器。然而，在前文中有提到，FPGA 的内部结构不同于普通的数字芯片，由于 FPGA 的逻辑单元本身都包含有触发器，所以触发器往往不是减小设计占用面积的关键。相反地，在 FPGA 中的设计瓶颈最终都会反映在布线资源上，而组合逻辑通常会大量消耗布线资源。这是因为如图 2-1 所示，组合电路只能通过查找表来实现。而大规模的组合逻辑则需要占用多个查找表。与触发器不同的是，查找表和查找表之间的连接只能通过布线资源来实现。对同一个功能设计来说，当其时序逻辑（触发器）的规模较小时，往往意味着更大的组合逻辑规模，反之亦然。

正是基于以上原因，当用 FPGA 来实现有限状态机时，业界通常的做法是对有限状态机采用独热编码（One Hot Encoding），即对 N 状态的有限状态机，采用 N 个触发器来做状态寄存器，而不是通常的 $\mathrm{lb}N$ 个触发器。在任何时刻，这 N 个触发器中只有一个为高电平,其余都为低电平,相当于每个触发器对应一个合法状态。这样虽然增加了触发器的数量,但是也相应减少了组合逻辑的规模,从而达到节省布线资源的目的。而增加触发器的数量对 FPGA 来说是可以接受的,因为如前文所述,触发器往往并不是 FPGA 中的最稀缺资源。

说明:传统上,FSM 有多种的编程风格(Coding Style)。这里笔者愿意和读者分享下面的 FSM 编程风格,作为使用 System Verilog 来编写独热 FSM 的一个样板,笔者在日常设计中经常使用,一直为笔者所中意:

代码2-4 有限状态机的System Verilog模板

```
`default_nettype none

module MODULE_NAME (
//========== INPUT ==========
    input wire clk,
    input wire reset_n,
    input wire ...
    input wire ...
//========== OUTPUT ==========
    output ...
//========== IN/OUT ==========
    ...
);
    logic                                  ctl_signal_1;
    logic                                  ctl_signal_2;

/* TO DO : enumerate FSM states here */
enum {S_IDLE, S_RUN, S2, S3...} states;

// total number of states
localparam FSM_NUM_OF_STATES = states.num();

// current state and next state
```

```systemverilog
logic [FSM_NUM_OF_STATES - 1:0] current_state, next_state;

// State Register
always_ff @(posedge clk, negedge reset_n) begin : state_machine_reg
    if (!reset_n) begin
        current_state <= (FSM_NUM_OF_STATES)'(1 << S_IDLE);
    end else begin
        current_state <= next_state;
    end
end : state_machine_reg

// state cast for debug, one-hot translation,
// enum value can be shown in the simulation in this way
// Hopefully, synthesizer will optimize out the "states" variable

// synthesis translate_off
///////////////////////////////////////////////////////////////////
        always_comb begin : state_cast_for_debug
            for (int i = 0; i < FSM_NUM_OF_STATES; ++i) begin
                if (current_state[i]) begin
                    $cast(states, i);
                end
            end
        end : state_cast_for_debug
///////////////////////////////////////////////////////////////////
// synthesis translate_on

// State Transition
always_comb begin

    next_state = 0;

/* TO DO : all control signals and outputs default to zero */

    ctl_signal_1 = 0;
    ctl_signal_2 = 0;

    case (1'b1)
```

```
     current_state[S_IDLE]: begin
        /* TO DO : fill in the code */
     end

     current_state[S_RUN]: begin
        /* TO DO : fill in the code */
        ctl_signal_1 = 1'b1;
     end

     /* TO DO : construct the whole FSM here */

     default: begin
        next_state[S_IDLE] = 1'b1;
     end
   endcase

end // end of always

/* TO DO : put data path here */

endmodule

`default_nettype wire
```

在使用代码 2-4 的 FSM 模板时，需要注意以下几点：

（1）代码 2-4 中的模板包含两个 always 语句：第一个 always 语句（always_ff）是时序逻辑，用来实现状态寄存器功能；第二个 always 语句（always_comb）是组合逻辑，用来实现状态的转移和控制信号。

（2）第二个 always 语句（always_comb）中的 case（1'b1），通常称为 reverse case 语句，以对应实现独热 FSM。

（3）对于独热编码的有限状态机，其状态寄存器不能为全零。所以代码 2-4 的第二个 always 语句（always_comb）中务必要包含一种默认情况，以便将有限状态机导入初始合法状态。这样即使没有复位信号，有限状态机在上电后也不至于被永远陷入零状态而不能自拔。

（4）在代码 2-4 的模板中，所有的控制信号，例如 ctl_signal_1 和 ctl_signal_2，都需要被显式命名，并在第二个 always 语句（always_comb）中设置默认值。

（5）代码 2-4 模板包含在 // synthesis translate_off 和 // synthesis translate_on 之间的部分主要是帮助仿真和调试用的。因为独热 FSM 的状态寄存器只是一个二进制数字。通过将当前状态转换成枚举类型（enum），就可以在仿真器中通过检查状态变量而看到当前状态所对应的枚举值，从而增加状态寄存器值的可读性，以方便仿真和调试。

提示：提到 FSM，这里再顺便多说几句，对有限状态机来说，业界一直存在多种编程风格。除笔者在代码 2-4 中给出的这种显式命名控制信号的风格外（如图 2-18 所示），另外一种流行的风格是在 FSM 中只包含状态的转移，在数据通路中直接引用 FSM 中的状态做控制。这种做法实际上隐式地命名了控制信号，如图 2-19 所示。笔者之所以不推荐后一种风格，是因为在后者的代码中，FSM 的状态名会在多处出现，当需要对 FSM 的状态做出修改时，很容易造成遗漏。

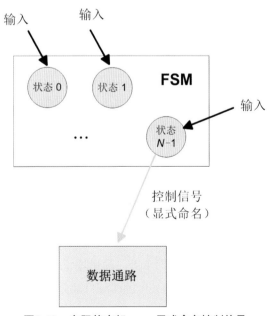

图2-18　有限状态机 —— 显式命名控制信号

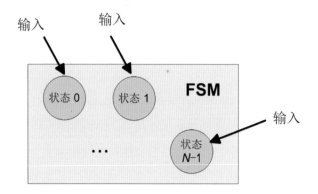

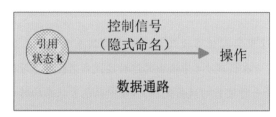

图2-19 有限状态机——隐式命名控制信号

2.11 高速IO与源同步总线（Source Synchronous Bus）

在数字逻辑的设计中，一个首要的原则就是要坚持做同步设计。所以在数字电路发展的早期，当数据在电路板上的不同元器件之间传输时，它们都会选择和同一个时钟源同步。这种方式称为全系统同步定时（System Synchronous Timing）。PCI Express（外部设备互连标准）的前辈 PCI 局部总线就是采取的这种方式。然而，全系统同步定时要求从时钟源到各个元器件的线路长度（Trace Length）都一致匹配，以减少时钟偏移。随着元器件数量的不断增多和时钟频率的日益提升，这个要求越来越难达到。

于是，源同步定时开始流行，并逐渐替代了全系统同步定时（PCI Express 代替 PCI 局部总线便是一个很典型的例子）。简单地说，源同步定时会将时钟和数据一起在元器件之间传输，这样线路长度的匹配只部分地发生在需要传输的时钟和数据之间，而不再是全系统的匹配。具体来说，又主要分以下两种情形：

1）将时钟内嵌在数据当中（In-Band Clocking），采用差分传输（Differential Pair）

对时钟内嵌在数据中来说，线路长度的匹配只需针对差分传输就可以了。高速数据总线无一例外地都会采取这种方式（例如硬盘接口常用的 SATA 总线协议）。该方式会对数据以类似 8b/10b 的方式进行编码，来移除总线上的直流偏置，方便交流耦合的使用。为了进一步提高数据传输率，有些总线还会做复杂的信号调节，以应对非线性的物理传输信道。

这种时钟内嵌在数据的情况一般很难用普通的数字逻辑来实现。在中高端 FPGA 中，厂商都会提供并行 / 线行转换收发器（SerDes Transceiver），来实现时钟内嵌在数据方式的高速数据传输。

2）时钟与数据分开传输（Out-Of-Band Clocking）

对于中低速的总线（时钟频率低于 200 MHz），可以将时钟与总线分开传输。传输既可以采用差分方式（Differential Pair），也可以采用单端（Single-Ended）方式。中低速总线在许多情况下可以用数字逻辑直接在 FPGA 中实现，只是在具体实现时，需要注意以下几点：

（1）FPGA 的输入输出包括两部分：FPGA 内部结构和 IO 缓冲器，如图 2-20 所示。其中的 IO 缓冲器（图 2-20 中用 IOB 表示）包含触发器。数据和时钟在离开或到达 FPGA 内部结构时，都需要经过 IO 缓冲器。设计者可以选择不使用 IO 缓冲器中的触发器，而让数据直接抵达 FPGA 内部结构中的触发器，也可以选择使用 IO 缓冲器中的触发器，以让数据先在 IO 缓冲器中寄存，然后再进入 FPGA 内部结构。对于源同步总线来说，后者一般是比较好的方式，因为这样可以降低不同信号线之间的时间偏移（Skew）（对 Intel FPGA 来说，可以通过设置快速输入寄存器和快速输出寄存器来控制这些选项。而对 Xilinx FPGA 来说，在 Vivado 软件的设计约束文件中相应的设置是 set_property IOB TRUE）。

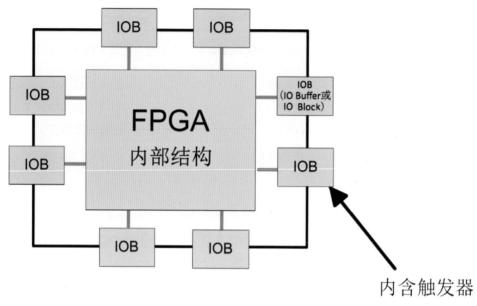

图2-20 FPGA 内部结构与IO 缓冲器

（2）由于电路中可能存在的阻抗不匹配（Impedance Mismatch），因此会造成信号的振铃效应或反射。在这时，设计者可以选择开启 IO 缓冲器中的终端电阻，也可以选择调整输出的电流强度（Output Drive Strength）（并不是所有的 FPGA 都会支持这些选项）。在源同步总线中，调整这些选项会有助于提高总线数据传输的可靠性。

（3）如果 FPGA 是处于数据的接收方，则为了降低总线时钟带来的抖动，设计者可以在 FPGA 中用 PLL 重新生成时钟（基于总线时钟）。这时，为了补偿由此造成的数据与时钟之间的延迟不一致（Delay Discrepancy），可以将 PLL 设置为源同步模式。

（4）为了源同步总线能稳定地工作，设计者还需要对输入输出给出时序约束（Timing Constraint）。为帮助读者做出正确的操作，本书会在后文综合实验平台部分给出具体的实例，以展示如何对 SDRAM（Synchronous Dynamic Random-Access Memory，同步动态随机存取存储器）进行时序约束。

2.12　FPGA在数字信号处理中的应用

> **说明**：数字信号处理是 FPGA 的一个重要应用领域，笔者也在该领域工作多年，收集了一些开发技巧，愿与读者分享（数字信号处理是一个非常复杂的专题，受篇幅所限，这里的介绍可能只是蜻蜓点水）。

2.12.1　数字滤波器

数字滤波器，特别是有限冲激响应滤波器（FIR Filter），在数字信号处理中有广泛应用。对于 k 阶 FIR Filter，其一般的数学公式如下：

$$y(n) = \sum_{i=0}^{k} x(n-i) \cdot c(i) \qquad (2\text{-}1)$$

其中，x 是输入信号；c 是滤波器系数（常数或时变系数）；y 是滤波器输出。用 FPGA 实现 FIR Filter 时，主要有以下 4 种方法。

1. 乘法累加器

乘法累加器（Multiplier-Accumulator，MAC）结构是所有 FIR Filter 实现方法中使用硬件资源最少的结构，也是计算速度最慢的结构。从式（2-1）可以看出，FIR Filter 的主要操作便是乘法与累加操作，而采用多个时钟周期做乘法和累加操作便成了最好的选择。

如图 2-21 所示，采用乘法累加器结构的 k 阶 FIR Filter，一般需要 $k+1$ 个时钟周期来产生结果，并需要 $k+1$ 个"字"的内存来存放滤波器系数。但是其只消耗一个硬件乘法器。当滤波器系数是对称结构时，则可以进一步优化，将输入变成 $x(n-i) + x(n-k+i)$，即

$$y(n) = \sum_{i=0}^{k/2} \left[x(n-i) + x(n-k+i) \cdot c(i) \right] \qquad (2\text{-}2)$$

这样可以节省一半的计算时间和系数存储内存。

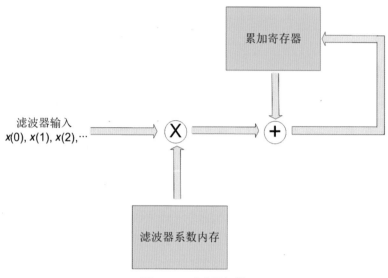

图2-21　乘法累加器

2. 树状结构

如图 2-22 所示，树状结构将所有的乘法结果在一个时钟周期中累加，以便极快地得到结果，这是其优点所在。但缺点是比较耗费硬件资源，对 k 阶的 FIR Filter，一般要消耗 $k+1$ 个硬件乘法器以及 $k+1$ 个移位寄存器来保存输入信号。当然，如果系数是对称结构，则可以通过优化将硬件资源的消耗减半。

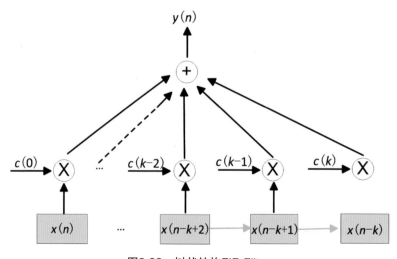

图2-22　树状结构FIR Filter

树状结构最大的问题是时序收敛。当 k 变得很大，而时钟频率很高时，要将众多的乘法结果在一个时钟周期内累加变得越来越困难。而且硬件乘法器在 FPGA 中往往都是均匀分布的，要将这些硬件乘法器的结果集中在一起累加也会造成布线的困难，这反过来又会进一步恶化时序收敛。此时常用的处理方式有两种：

（1）将图 2-22 中顶部的那个加法器做流水线处理，将加法从一个时钟周期变为多个时钟周期。具体处理时，可以如图 2-23 那样，在加法器之后放几个空的寄存器延迟，然后打开综合工具中的寄存器重定时选项，让综合工具自动帮助做优化（当然，手工流水线处理可能效果更好一些）。当时序收敛遇到困难时，这是一个可供尝试的方法。

（2）采用其他的 FIR Filter 结构，例如后文提到的转置结构等。

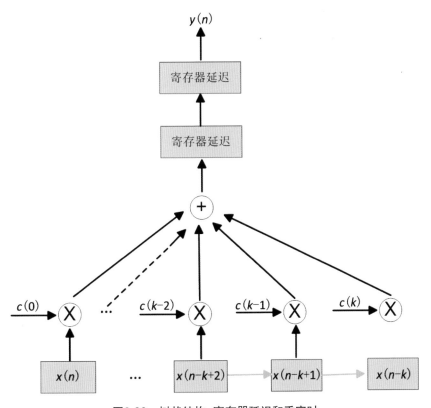

图2-23 树状结构,寄存器延迟和重定时

3. 转置结构

树状结构的 FIR Filter 由于将加法集中处理，会带来时序收敛和硬件乘法器布线困难的问题。而图 2-24 中的转置结构则巧妙地对加法做了分散处理，从而使上述问题得到了很大的缓解。

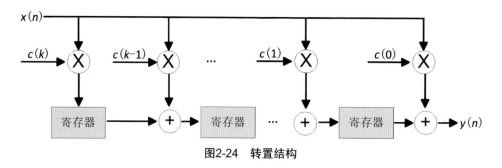

图2-24　转置结构

将图 2-24 与图 2-23 相比较，则可以发现下面的异同：

（1）当得到滤波器输入 $x（n）$ 后，图 2-24 中的转置结构会立即产生 $y（n）$ 输出。而图 2-23 的树状结构则会因为插入的寄存器延迟，导致结果输出会有相应的流水线延迟。这也是转置结构相对树状结构所具有的优势。

（2）用树状结构来实现可变系数的自适应滤波器（Adaptive Filter）相对比较容易，而如果用转置结构，则需要使用其变种结构（见脉动结构）。

（3）转置结构的缺点是其输入 $x（n）$ 的 Fan Out 是 $k+1$。对高阶的滤波器，就要求滤波器的输入有比较强的驱动能力。不过这个问题一般可以通过综合器中的寄存器复制优化选项来解决。

4. 脉动结构

在图 2-24 的转置结构中，硬件乘法器被假设为是用组合电路实现的。但是在许多 FPGA 中，硬件乘法器只是 DSP Block 的一部分。而某些复杂的 DSP Block 除了硬件乘法器外，还可能会包含并行寄存器和累加器等。也就是说，乘法的结果可能会有一个或多个时钟周期的延迟。如果这种情况发生，则图 2-24 的转置结构需要做相应改进，以补偿这些额外的延迟。这种改进后的结构称为脉动结构，如图 2-25 所示。

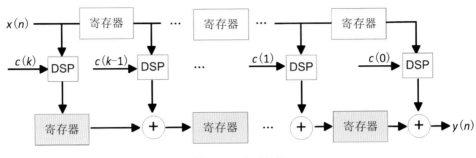

图2-25 脉动结构

图 2-25 中顶部的寄存器便是用来补偿 DSP Block 可能包含的时钟延迟的。对可变系数的自适应滤波器来说，其系数的输入也要做相应的调整，此处不再赘述。

2.12.2 4 倍频采样

数字通信也是 FPGA 和数字信号处理广泛应用的一个领域。在数字通信中，将中频信号（Intermediate Frequency，IF）转换成基带信号（Baseband）往往是数字接收机的第一个基本操作，这通常需要消耗一定数量的硬件乘法器。但是，如果采样频率是 IF 载波频率的 4 倍，则可以节省乘法器。具体说明如下。

一般的中频信号可以表示为

$$I\cos\left(2\pi\frac{f_c}{f_s}n\right) - Q\sin\left(2\pi\frac{f_c}{f_s}n\right) = \text{real}\left((I+jQ)e^{\left(2\pi j\frac{f_c}{f_s}n\right)}\right) \quad n = 0, 1, 2, \cdots, \quad （2-3）$$

其中，f_c 是中频载波频率；f_s 是采样频率。当 $f_s = 4f_c$ 时，上面的公式变为

$$I, (-Q), (-I), Q, \cdots \quad （2-4）$$

由此只要对采样信号做一些符号转换，便完成了从中频到基带的转换。这个方法唯一的问题是 I 样本和 Q 样本之间有 $1/f_s$ 的时间位移。如果采样频率（相对符号率）比较高，这样的 I/Q 不平衡也许不会对最终的接收造成太大的问题。否则，可能需要在后续的限带滤波器中加入插值功能，以消除这个 $1/f_s$ 的时间位移。

2.12.3　复数乘法

复数乘法的数学公式如下：

$$(a+bj)(x+yj)=(ax-by)+(ay+bx)j \qquad (2\text{-}5)$$

由此，一般的复数乘法可以用 4 个乘法器完成。

实部：real=$ax-by$；

虚部：imag=$ay+bx$。

如果 FPGA 中的硬件乘法器稀缺的话，则可以通过某些数学技巧，达到节省乘法器的目的。具体操作如下：

令 $A=ax$，$B=by$，$C=(a+b)(x+y)$

则上面的实部与虚部可以用 A、B、C 表示如下：

实部：real=$A-B$；

虚部：imag=$C-A-B$。

由此，通过上面的数学技巧，仅用 3 个乘法器便完成了之前需要 4 个乘法器才能完成的运算。

2.12.4　补码，值饱和，负值，绝对值，四舍五入

补码（2's Complement）、值饱和（Saturation）、负值（Negate）、绝对值（Absolute Value）、四舍五入（Rounding）都是基本的数值操作，限于篇幅，这里不再赘述。

2.12.5　除法

与乘法不同，目前数学上对除法还没有很好的处理方法，除法一般都要经过多个时钟周期才能得到结果。在实践中，如果不能在算法层面完全避免除法，则可以有以下的处理方法：

（1）如果数值范围比较小，可以用查表法。

（2）传统的长除法（Long Hand Division），每时钟周期处理一位被除数（Dividend）。但是可以将除法操作流水线，以增加吞吐率（Throughput）。

（3）快速除法（Fast Division）。AEGP（Anderson Earle Goldschmidt Powers）算法最早出现在 IBM S/360 Model 91 大型机上，是快速除法的典型代表。快速除法的优点是可以通过迭代计算来很快地逼近最终结果，其缺点是其被除数和除数需要被规范化。而且由于其迭代的特性，其计算精度和长除法相比大约有 0.0002% 的误差（大多数的误差都来自最低位结果）。也正因如此，限制了其在整数计算中的应用。

（4）SRT（Sweeny，Robertson，Tocher）除法。该方法利用预先生成的查找表来指导商（Quotient）的生成，可能是目前最常用的除法算法。它可以在每时钟周期处理两位或多位被除数。SRT 除法的数学原理提出于 20 世纪 50 年代末，在笔者的英文著作 *Building Embedded Systems*，*Programmable Hardware* 中可以找到基 4 的 SRT 的相关代码与说明。在许多高性能的处理器中，SRT 的查找表会变得异常复杂，就连 Intel 公司的工程师们也曾为此犯过错误，并导致数十亿美元的经济损失。

2.12.6 正弦函数与余弦函数

正弦函数(sin)和余弦函数(cos)在数字信号处理中会经常被用到。在 FPGA 中，一般用查表法来生成它们的值。由于正弦函数和余弦函数的对称性，一般只需要存储 1/8 个圆周的正弦 / 余弦值。在笔者的英文著作 *Building Embedded Systems*，*Programmable Hardware* 中可以找到相关的代码，此处不再赘述。

2.12.7 CORDIC 算法

在数字信号处理中经常会涉及一些复杂的函数运算，例如平方根（Square Root）、反正切（Arctangent）等。尽管从理论上来说任何复杂的函数都可以通过泰勒级数（Taylor Series）来得到，但是在实践中，当用 FPGA 来生成这些函数时，

往往通过查表法或低阶近似展开来实现。例如对平方根运算，其常用的低阶泰勒展开如下：

$$\sqrt{1+\alpha}=1+\alpha/2 \qquad (2\text{-}6)$$

当需要高精度的函数计算结果时，CORDIC（Coordinate Rotation Digital Computer，坐标旋转数字计算方法）算法是经常采用的方法。CORDIC 算法的特点是通过在不同坐标系中的角度旋转来逐渐地逼近结果，而无须消耗任何硬件乘法器，从而很适合在 FPGA 中实现。

和 SRT 除法一样，CORDIC 算法也诞生于 20 世纪 50 年代末，当时主要用来实时计算三角函数，为 B-58 轰炸机提供导航坐标。CORDIC 算法的数学理论基础主要来自于 Jack E. Volder 等在当时做的工作，其能生成的函数罗列如下：

- 平方根 $\sqrt{X^2+Y^2}$。

- 反正切 arctan（Y/X）。

- 正弦函数（sin）和余弦函数（cos）。

- 除法。这里需要说明的是，与 SRT 除法相比，CORDIC 的除法在速度和精度上都不具有优势，所以其很少在 FPGA 中得到应用。

- 乘法。由于 FPGA 中大多包含硬件乘法器，因此 CORDIC 的乘法在速度、精度和硬件资源上都不具优势，所以很少在 FPGA 中得到应用。

- 自然对数（Natural Logarithm）。

- 自然指数（Natural Exponential Function）。

- 双曲正弦（cosh）和双曲余弦（sinh）。

- 反双曲正切（arctanh）。

> **说明：** 以上 CORDIC 算法函数的代码和描述都可以在笔者的英文著作 *Building Embedded Systems*，*Programmable Hardware* 中找到。受篇幅所限，此处不再赘述。

2.13 其他技巧

2.13.1 寄存器重定时

寄存器重定时在提到树状结构的并行处理时已经有所提及。实际上，在综合工具中，综合过程通常包括两部分：逻辑综合（Logic Synthesis）与物理综合（Physical Synthesis）。逻辑综合会将 HDL 所描述的逻辑电路映射成具体的物理器件和网格表（Mapped Netlist）。而物理综合则会在这个基础上做进一步优化，以改进时序（Timing）、面积（Area）、功耗（Power）等。在众多的物理综合选项中，寄存器重定时是常用的帮助时序收敛的方法。

如图 2-26 所示，寄存器重定时会在不改变电路功能的前提下，将大块的组合逻辑分成多个小块的组合逻辑，并分布到寄存器之间。通过这种组合逻辑的重新分布，可以减少组合逻辑的最大延迟，从而起到改进 $f_{\max}$（最高时钟频率）的作用。

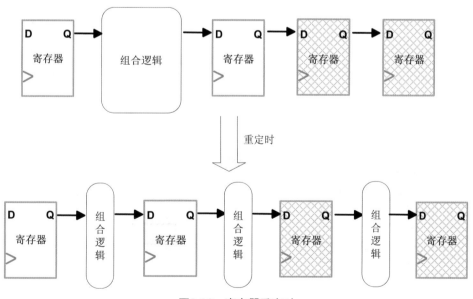

图2-26 寄存器重定时

在实践中，常用的方法是在电路结果输出端添加多个寄存器做延迟（如图 2-26 右上部所示），以给寄存器重定时腾挪更多的空间，让物理综合工具做自动优化。

2.13.2 异或树与多路复用器

在数字电路设计中，经常需要从多个输入或输出中选取一路以做进一步处理。一般的处理方式是用一个多路复用器（Multiplexer，MUX）来处理，如图 2-27 所示（其对应的 HDL 描述通常是一个大的 case 语句）。

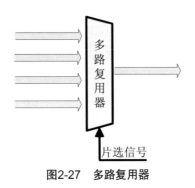

图2-27　多路复用器

然而，当需要选取的输入 / 输出通道比较多时，图 2-27 中的多路复用器会变成一块非常大的组合逻辑，从而给时序收敛带来困难。为此，一个替代的办法是用 XOR 树来实现同样的功能。

图 2-28 展示了一个 4 路输入的异或（Exclusive OR，XOR）树。不需要的输入信号在进入 XOR 树之前会被变成零值。只有被选中的那一路输入信号的值会进入 XOR 树，并最终在树的顶端出现。

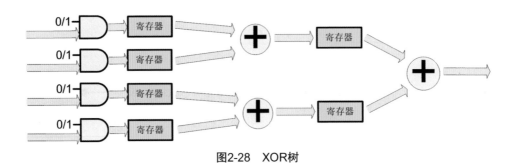

图2-28　XOR树

相较于多路复用器，XOR 树的特点是更易于实施流水线，从而有利于时序收敛。由于 FPGA 中逻辑资源的特殊结构特点，XOR 树所增加的寄存器开销对 FPGA 来说往往不是瓶颈问题。

2.13.3 虚拟输入输出

在 FPGA 的设计实践中，经常需要对某个子模块或 IP 做尝试性的综合与适配布线尝试，以观察其对各类逻辑资源的消耗和时序特性（观察 F_{max}）。一种可能的情况是：该子模块或 IP 有很多的输入输出端口，但是这些端口在最终设计时都会变成 FPGA 内部信号，而不占用 FPGA 引脚。但是在尝试性布线时，FPGA 工具会自动为这些端口分配 FPGA 引脚，导致引脚不够用而使得尝试性布线失败。

对此，一种解决方法是选择同一系列 FPGA 中封装引脚最多的那个器件型号，以提供足够多的引脚供分配。但是在使用 Intel 的 FPGA 时，可以有一个更好的办法，就是在 Quartus Prime 工具中，对所有的引脚都赋予虚拟输入输出的特性。这样就再也不用担心子模块或 IP 的端口数多于 FPGA 引脚数的情形，而同时又可以完成尝试性布线，以得到想要的评估结果。

2.13.4 迁移路径

在实践中，FPGA 设计往往是某个具体的电子产品的一部分。在开发的初期，电路板上往往会装载同一个 FPGA 系列中容量最大的型号，以给设计和实验留下充分的余地。当设计完成，进入大规模生产阶段时，一般会更改 BOM（Bill of Material，元器件列表），选用与实际设计规模相匹配的较小容量的 FPGA，以降低硬件成本。

然而，即使芯片封装相同，同一系列中不同 FPGA 所搭载的硬件资源也会有所差异。例如在同一系列中高端的 FPGA 中可能带有多个 PLL，而低端的 FPGA 中则可能 PLL 数量较少。而在 FPGA 中，PLL 往往与某个具体的时钟输入引脚相匹配。这样在设计时，需要使用那个在所有 FPGA 型号中都存在的 PLL，并在电路板上将时钟晶振匹配到对应的 FPGA 时钟输入引脚上。

为了解决在更换 FPGA 型号时可能会有的设计兼容性问题，Intel Quartus Prime 中专门提供了一个器件迁移选项。这样在确定了设计使用的 FPGA 主型号后，设计者还可以提供一系列可能会在电路板上使用的兼容型号。如果设计中存在上述的硬件资源兼容性问题，工具会给出提示，从而可以让设计者及早发现问题并改进。

2.14 面积与性能的平衡

2.14.1 流水线与并行

在数字设计中，设计者往往需要达到面积与性能的平衡。当设计需要较高性能时，可以用空间换时间（即用较大的面积换取更高的性能）；反之，当设计需要较小的面积时，可以用时间换空间。

在实践中，提高性能的方法主要有两种：流水线（Pipeline）与并行（Parallelism）。二者都是通过增加硬件资源来提高性能，它们的主要区别是：流水线主要是通过改进硬件结构、提高时钟频率来达到目的的，而并行则通过提高单位时钟周期内的数据处理量来提高吞吐率。

1. 流水线

如寄存器重定时部分所描述的，流水线的实质是把原先比较大的组合逻辑模块拆分为 N 块更小的组合逻辑子模块，并将这些子模块分配到 N 个流水线阶段（Pipeline Stage）中，以达到提高时钟频率的目的。

如图 2-29 所示，从时序角度来说，电路所能达到的最小时钟周期（最高时钟频率 F_{max}）受限于两部分：

（1）组合逻辑的传输延迟。

（2）触发器的建立时间（Setup Time）。

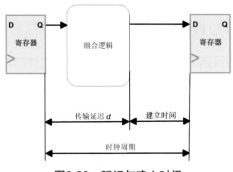

图2-29　延迟与建立时间

假设电路中最大的组合逻辑模块的传输延迟是 d，而建立时间是 s，则电路可以达到的最高时钟频率是：

$$F_{\max} = \frac{1}{d+s} \qquad\qquad (2\text{-}7)$$

而如果采用流水线将图 2-29 中的组合逻辑均匀分为 N 个子模块，并分布到 N 个流水线阶段中（见图 2-30），则电路可以达到的最高时钟频率变为：

$$F_{\max} = \frac{1}{d/N+s} \qquad\qquad (2\text{-}8)$$

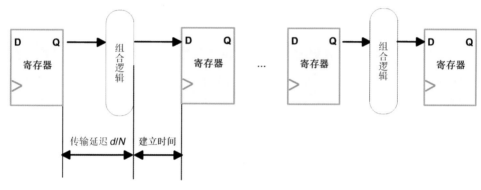

图2-30　利用流水线提高$F_{\max}$

假设 d 远大于 s，则通过 N 个流水线阶段，可以将最高时钟频率 $F_{\max}$ 在原有基础上提高 N 倍。

2. 并行

通过增加硬件资源的数量来提高单位时间的吞吐率是另外一种常用的提高性能的方法。以通信中的前向纠错码（Forward Error Correction，FEC）解码器为例，由于前向纠错的数学复杂性，解码器一般都需要经过很长的延迟之后才能给出最终结果。为了提高总体解码的吞吐率，一般都会在通信接收机中放置 N 个解码器，然后通过一个"仲裁分配器"将收到的数据帧（Data Frames）分配给空闲的解码器，从而将吞吐率提高 N 倍 [如图 2-31 所示，仲裁分配的算法一般可以采用轮询调度（Round Robin）]。

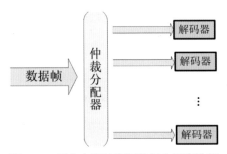

图2-31　用多个硬件资源并行来提高性能

2.14.2　小面积设计

对 FPGA 来说，如果设计的目标是减小面积而不是提高性能，则通常的做法是将有限的硬件资源通过多个时钟周期反复利用，并且尽量用 Block RAM 来代替寄存器。

一个典型的例子是乘法累加器结构的 FIR 滤波器。该结构通过反复使用同一套硬件乘法器在 $k+1$ 个时钟周期内产生结果，而不是用 N 个硬件乘法器在一个时钟内得出相同的结果（例如树状结构），是一个用时间换取空间的优秀样本。

更一般的小面积设计的结构如图 2-32 所示。其思路是将每一路计算循环的状态信息（如累加器值等）存放在简单双端口内存中。在每个计算循环结束后，将这些更新后的信息写入内存，同时将下个循环需要的状态载入共享硬件。从某种意义上来说，处理器的设计也采用了类似的思路（代码与数据存储于内存，反复共享使用处理器内核等）。

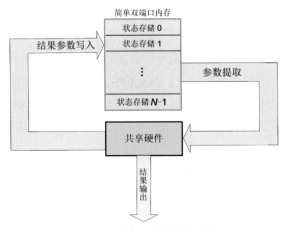

图2-32　共享硬件与状态存储

2.14.3　AT^2 定律

前边提到了以"空间换取时间"来提高性能，也提到了以"时间换取空间"来减小面积。那么有没有这样一种设计方案，能让性能和面积同时得到最优化呢？实际上，业界的前辈们早就对这个问题做了深入的研究，其答案是：鱼与熊掌不可兼得。对此感兴趣的读者可以在卡内基梅隆大学 C. D. Thompson 于 1979 年发表的相关论文中找到详细的理论解释，这里只给出相关结论。

> **提示：** AT^2 定律：对于某个给定的半导体工艺流程，如果其相关的某数字设计的面积是 A，而执行时间是 T，则存在一个下限边界 B，使得 $AT^2 \geq B$。

2.15　数字逻辑与处理器各自适用的领域

在本章的最后，笔者想重点对数字逻辑和处理器的各自特点做一番讨论，也为第 3 章的 RISC-V 主题起到铺垫的作用。

在日常实践中，我们经常会遇到这样的情况：有的任务更适合用软件来处理，而其他的某些任务可能更适合硬件（数字逻辑）来处理。实际上，所有的任务都可以大致被归为两类：控制密集型和处理（计算）密集型。虽然这二者之间没有明确的界限，但是一般可以通过其系统代码判断。简单地说，如果系统代码中有许多 if-else 这样的条件判断语句，则可以认为是控制密集型；反之，如果系统代码中有许多 for 循环之类的重复的规则运算，则可以认为是处理（计算）密集型。一般来说，处理（计算）密集型往往比控制密集型对吞吐率有更高的要求。

根据笔者的切身体会，控制密集型的任务一般比较适合软件来实现，而处理（计算）密集型的任务更适合用硬件（数字逻辑）来实现。以数字信号处理领域为例，大部分的数字信号处理算法都属于处理（计算）密集型，例如快速傅里叶变换（Fast Fourier Transform，FFT）、低密度奇偶校验码（Low Density Parity Check Code，LDPC）等。而且在通信和视频处理等领域，这些算法往往都同高吞吐率联系在一起，所以在实践中，这些算法通常都是用 FPGA 或专用硬件加速器来实现的。

然而，一个有趣的现象就是：语音编解码器（Vocoder）虽然也属于数字信号处理的范畴，但是实际上几乎所有的语音编解码器都是用处理器，特别是数字信号处理器（Digital Signal Processor，DSP）来实现的。市场上几乎很难看到用100%用 FPGA 来实现的语音编解码器 IP。

虽然有的厂商有语音编解码器的专用芯片产品，但是仔细观察这些产品就可以发现其内核都是一个数字信号处理器，而不是专用的数字逻辑。产生这一现象的主要原因，就是语音编解码只有主观评判标准（相对地，通信收发器是通过误码率这类客观标准来评判的），这使得语音编解码算法中布满了 if-else 这类的判断，以匹配人类喉部发声和人耳收听时的非线性特性，进而改善其主观特性。而语音编解码算法本身对吞吐率的要求并不高（许多的语音编解码算法的采样率只有每秒 8 kHz），这就使得语音编解码算法更接近控制密集型，而不是处理（计算）密集型，所以将其用软件在处理器上实现更为合适。

实际上，在处理器这个大的门类中，也针对控制密集型和处理（计算）密集型做了细分。如果读者仔细观察处理器的用户手册，会发现有的处理器把自己标识为微控制器（Microcontroller，MCU），以针对控制密集型的任务。而有些处理器则把自己标识为微处理器（Microprocessor，MPU），对标处理（计算）密集型的任务。

MCU 的时钟频率一般都低于 200 MHz，但是其往往拥有许多的模拟外设和数量众多的各类接口。例如，许多 MCU 都会集成 USB 和 ADC/DAC，以及温度传感器等。同时它们也会集成多个 UART、I^{2}C、SPI 等接口。

MPU 除了时钟频率较高外，往往还集成了许多针对某一应用的硬件加速器，例如 Intel x86 处理器中 MMX 指令（Intel 注册商标，一种指令集），实质上便是一种针对多媒体应用的硬件加速器。许多数字信号处理器也都包含有针对 FFT 的硬件加速模块。由此，一般的结论是：处理（计算）密集型的任务由数字逻辑处理，而控制密集型由软件处理。

回到 FPGA 开发本身，FPGA 的发明初衷便是为了能快速、有效地实现数字逻辑电路，所以处理（计算）密集型的任务是 FPGA 的拿手好戏。但是对于那些控制密集型的任务，直接的逻辑电路实现往往力不从心，这是因为对于控制密集型的任务，直接的数字逻辑实现往往需要大量使用FSM，并辅以仿真，其过程繁复，且会消耗大量的逻辑资源。

在FPGA发展的早期，这些控制密集型的任务通常由FPGA外部的MCU完成。但是随着FPGA容量的不断扩大和软核MCU的成熟，在FPGA中内嵌软核处理器已经成为新的设计趋势，如图2-33所示。目前大部分的FPGA厂商都推出了属于自己的专属软核处理器，例如Intel FPGA中的NIOS软核处理器和Xilinx FPGA中的Micro Blaze处理器。在本书开头提出的FARM开发模式中，将RISC-V选作MCU软核，RISC-V的开放特性使得这种模式比FPGA厂商提供的专属软核处理器方案具有更多的灵活性和通用性。

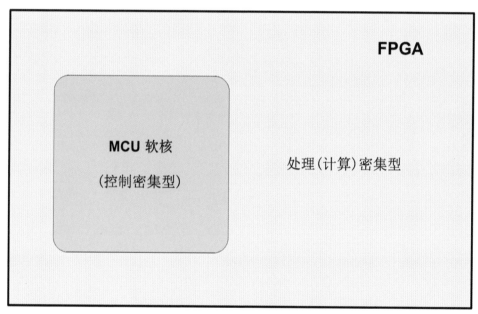

图2-33　FPGA中内嵌MCU软核

第 3 章

RISC-V 指令集

The devil is in the fine print.

From the Web

魔鬼总是在文件细则中。

网络格言

3.1 RISC-V的历史

RISC-V 最早源自 2010 年夏天美国加州大学伯克利分校 Krste Asanović 教授主持的一个关于开源计算机系统的研究项目。该项目得到了美国国防高级研究计划局（Defense Advanced Research Projects Agency，DARPA）的资助，后来成为 RISC-V 的前身 [这里顺便提一句，国际互联网 Internet 的前身 ARPANET（Advanced Research Projects Agency Network，高级研究计划局网络）也是由 DARPA 资助的]。

RISC-V 中的字母 V 表示第五代的意思，所以发音时应该发作"RISC-Five"，表示它师承于伯克利分校之前开发的一系列 RISC 指令集。根据 RISC-V 的族谱，RISC-V 之前四代指令集都产生于 20 世纪 80 年代。当然，RISC-V 在其形成过程中，也从其他各种流行的指令集（MIPS、SPARC、ARM 等）中吸取了经验教训。

在 RISC-V 问世之际，移动计算主要由 ARM 处理器把持，而 Intel 公司的 x86 处理器则占据了大部分的桌面计算市场，RISC-V 的出现给这两大巨头带来了挑战。与这两大巨头的指令集不同的是，RISC-V 是一个自由和开放的指令集，它的标准化工作由 RISC-V 基金会主持，该组织目前有超过 100 个会员，并在不断扩大之中。对任何想要用 RISC-V 设计实现处理器的公司与个人，他们都不会受到来自 RISC-V 基金会的限制，也无须向 RISC-V 基金会支付授权费用。基金会各会员公司也承诺不会就 RISC-V 的基本议题向其他成员发起诉讼。

由于 RISC-V 没有上面提到的这些限制，因此很快得到了开源社区的大力拥护。面对 RISC-V 的攻城略地，ARM 也开始予以反击。2018 年夏，ARM 上线了一个名为 riscv-basics.com 的网站，对 RISC-V 发起舆论战。但是这种做法很快受到了来自各方的诟病，甚至连 ARM 自己的员工都对此做法表示不满。迫于各方压力，ARM 很快就关闭了该网站。

另外，为了促进 RISC-V 的产业化，RISC-V 的主要开发成员还于 2015 年成立了一家叫 SiFive 的初创公司，向市场提供各类 RISC-V 的处理器内核，以及相关的软件工具和开发套件。

3.2 8051的CISC指令集与RISC-V的比较

3.2.1 8051 指令集简介

提到 RISC（Reduced Instruction Set Computer，精简指令集计算机），就必然也会提到 CISC（Complex Instruction Set Computer，复杂指令集计算机）。在许多嵌入式系统中得到广泛使用的 8051 单片机，便是 CISC 指令集的典型代表。笔者在开始设计 RISC-V 处理器之前，也曾做过一款 1T（单时钟周期）8051 处理器的设计，所以对这两类不同类型的指令集都有深入了解。这里笔者愿意将这些体会做个总结，并由此来反映 RISC-V 在技术设计上的优势。

可能有许多读者对 8051 单片机早已熟悉，该单片机是由美国 Intel 公司于 20 世纪 80 年代推出的一款 8 位单片机。由于该单片机方便易用，许多公司都推出了第三方的兼容设计。直到今天，8051 单片机依然被许多嵌入式系统所选用。

然而在 20 世纪 80 年代该单片机刚刚问世时，半导体的制造工艺还只能达到 μm 级，处理器所能达到的时钟频率偏低。而且当时硬件设计语言还处于起步阶段，也缺乏自动设计的工具，软件多以手工汇编编程为主。这就导致流水线设计的优势无法得到发挥，并且每条指令需要多个时钟周期才能完成。由于上述原因，当时的指令集设计往往具有以下特点：

（1）尽量在每条指令中实现更多的功能。例如 8051 的 CJNE 指令，就需要在一条指令中依次实现：

① 与累加器做减法。

② 修改进位标示。

③ 将结果做相等比较。

④ 根据比较结果决定是否跳转。

（2）指令集庞大，以实现更多的复杂功能。例如8051虽然是8位单片机，其指令集却包含高达255种不同的指令和格式。

（3）由于以上两点，导致变长指令的出现，以提高内存利用率。8051的指令就有单字节、双字节与三字节三种不同的种类，而且除了对指令解码以外，没有其他的手段帮助判定指令长度。

（4）寻址方式众多。例如在8051指令集中，对数值的操作包括如下方式：

① 立即数寻址。将常数包含在指令中。

② 直接寻址。将内存地址包含在指令中。

③ 间接寻址。将内存地址放入寄存器中，然后将寄存器地址包含在指令中。

④ 寄存器寻址。将操作数放入寄存器中，然后将寄存器地址包含在指令中。

由于众多的寻址方式，同一个功能在指令集中就可能对应多种指令格式。例如在8051指令集中，光是一个加法指令就有12种不同格式。类似地，跳转指令也存在多种的寻址方式和指令格式。

8051指令集的特点，很大程度上也代表了当时众多CISC指令集的共同特点。这种特点是与当时半导体制造水平和软件发展水平相匹配的。随着半导体加工工艺的不断进步和软件开发水平的提高，流水线和高时钟频率的设计开始在处理器设计中流行，汇编语言也开始被C/C++这类高级编程语言所替代。尽管8051是一个非常长寿的指令集，自问世近40年，依然被业界广泛采用，但是今天市面上出现的8051处理器，却早已和它们的祖先大不一样了。

8051的第一代产品，其时钟频率只有12 MHz，每个指令需要12个时钟周期才能完成。而今天我们所使用的8051处理器，都是增强型处理器，除了有更丰富的外围设备外，其增强之处主要表现在：

（1）时钟频率大幅提高。

（2）指令的吞吐率大幅提高，对大部分的指令，都可以做到在单个时钟周期内完成即我们通常说的 1T 8051。

（3）在软件上，支持 C 语言的开发环境。

换句话说，今天的增强型 8051 处理器，虽然其指令集还是 40 年前的那个指令集，但是其内部实现却早已经在原型基础上进行了 RISC 改造（实际上，类似的 RISC 改造也同样发生在 Intel 的 x86 处理器上）。

> **说明**：由于指令集设计的缺陷，这种对 CISC 指令集的 RISC 实现不可避免地要在硬件上付出一定的代价。下面就以笔者主持设计的 PulseRain FP51-1T MCU 为例，对此具体加以说明。

3.2.2　8051 指令集对处理器设计的负面影响

PulseRain FP51-1T MCU 是美国 PulseRain Technology 公司推出的一款针对 FPGA 的 8 位微控制器，其内部的处理器内核是一个增强型 8051，可以对大部分的 8051 指令实现 1T 吞吐率，并且在 FPGA 上可以实现很高的时钟频率（在 Intel MAX10 C8 级器件上主频可以达到 100 MHz）。

8051 的流水线实现如图 3-1 所示，该处理器的内部有一个 5 级流水线，包含指令读取、指令解码（一）、数据内存读取、指令解码（二）和指令执行。尽管该处理器在 FPGA 上有优秀的性能表现，然而由于 8051 指令集本身的缺陷，使得设计者不得不以额外的逻辑资源为代价来换取更高的性能。最后的结果就是与同样时钟频率的 RISC-V 处理器相比，8 位 8051 内核居然比 32 位 RISC-V 内核消耗更多的逻辑资源，占用更大的芯片面积，而更大的芯片面积意味着更加耗电。对 FPGA 器件来说，这些还不是一个太大的问题，但是对专用芯片（ASIC），特别是移动设备的专用芯片来说，更多的耗电往往意味着更短的电池寿命（Battery Life），这可能也是 Intel x86 处理器始终无法在移动设备市场上打开局面的原因之一。

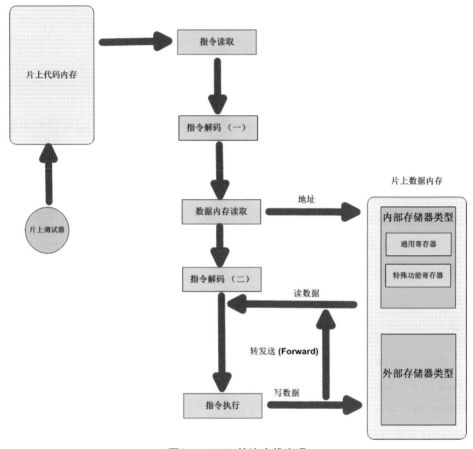

图3-1 8051 的流水线实现

具体来说，8051 指令集的特点会对处理器的 RISC 实现产生如下负面影响：

1）尽量在每条指令中实现更多的功能

为了在实现这些复杂功能的同时保持高吞吐率，流水线的设计者不得不花更多的时间规划流水线的各级。即便如此，有些指令依然无法实现单周期吞吐，例如上文提到的 CJNE 指令，就需要两个时钟周期。

另外，现代的 8051 处理器开发，早已经采用 C 语言代替了早期的汇编语言。而高级语言的编译器往往很难把这类复杂、多功能机器指令的威力全部发挥出来，有违当初指令集的设计初衷。

当然，指令集复杂这个特点也并非一无是处。由于 CISC 指令集的指令复杂，也使得其代码密度（Code Density）一般要优于同等字宽的 RISC 处理器。

2）庞大的指令集

庞大的指令集必然导致指令的解码阶段变得更为复杂，需要耗费更多的逻辑资源。读者可能已经注意到，在图 3-1 所示的 5 级流水线中，指令集被分为两部分，对它们各自的解码分别占用了流水线的一级。这样设计的原因之一就是为了在庞大指令集下实现高吞吐率、高时钟频率，而不得不做出的妥协。同样时钟频率的 RISC-V 处理器，由于指令集比较精简，就无须做这样的妥协，从而大大节省了逻辑资源，简化了流水线设计。

3）由于以上两点，导致变长指令的出现，以提高内存利用率

8051 的指令有单字节、双字节和三字节三种不同的种类，除解码（Decode）外，没有其他的手段帮助判定指令长度。这种变长的指令结构，导致指令之间的边界很难判定，甚至有可能导致内存的非对齐读取（Unaligned Memory Access），从而对流水线的取指器（Instruction Fetch）设计带来挑战。

幸运的是，8051 的内存架构是哈佛架构，其代码与数据在不同的地址空间中分开存放。这就使得代码存储部分可以单独做一些优化设计。在图 3-1 中左边部分的片上代码内存，实际上被分成 4 个 8 位宽的存储体，这样对代码内存的一次读取就可以得到 4 字节，从而保证至少可以有一条完整的指令。然而即便如此，由于 8051 指令集没有其他辅助手段来帮助判定指令长度，为了确定指令的边界，8051 的取指器不得不为此花费比 RISC-V 更多的逻辑资源。

4）众多的寻址方式

由于 8051 存在众多的寻址方式，使得指令集中的许多指令都可以访问内存。这导致流水线的数据冲突（Data Hazard）很难判断，有时不得不通过硬件自动插入空操作（Null Operation，NOP）来保持数据的正确和完整。这样既消耗了逻辑资源，又降低了流水线的效率，从而对功耗和性能造成双重打击。

说明：虽然 8051 指令集有其历史局限性，但是 8051 处理器却由于其短小精悍、性价比高，一直为笔者所钟爱。其虽历四十载，依然廉颇未老，不乏拥趸。

3.2.3 RISC-V 指令集对处理器设计的正面影响

8051 指令集的缺陷，在 RISC-V 中都得到了避免，具体说明如下。

1. 引入指令长度编码

8051 指令集除了对指令解码以外，没有其他的辅助手段帮助判定指令长度，而 RISC-V 则可以通过指令的低位部分来判断指令的长度，被称为指令长度编码（Instruction Length Encoding）。图 3-2 展示了 16 ～ 64 位指令的编码方式。64 位以上的编码方式，可以在 RISC-V 官方标准中找到。

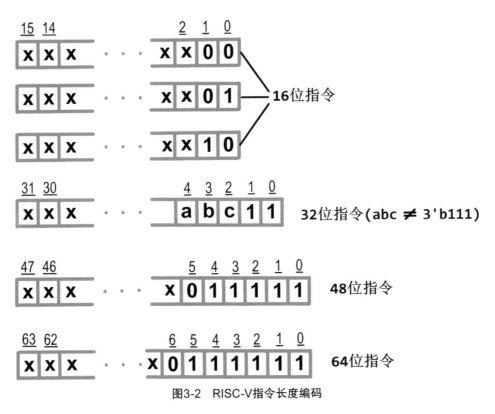

图3-2　RISC-V指令长度编码

指令长度编码的引入，大大简化了流水线取指器的设计，在取指时，硬件只需要集中优化边界对齐的内存读取就可以了。而对非对齐的访问，则可以通过产生异常，让软件处理器来处理。这样既节省了逻辑资源，又不影响处理器的性能。

2. 指令集规模较小，指令格式规整

尽管不是 8 位指令集，RISC-V 的指令集规模却比 8051 这样的 8 位指令集要小许多。RISC-V 的 32 位基础整数指令集只有 47 条指令，即使算上 8 条乘除法扩展指令，其指令总数也不到 8051 指令集规模的 1/4。指令集的小巧使得指令的解码器变得简单，更无须像图 3-1 中那样将指令集分成两部分来分别解码。

同时，RISC-V 的指令格式也非常规整，除了指令长度编码总是处在指令低位以外，在不同指令格式之间，操作码、源寄存器和目标寄存器总是位于相同的位置上。例如在 RISC-V 32 位基础整数指令集中（RV32I），操作码总是占用低 7 位，而源寄存器 1 和 2（rs1、rs2）则分别占据 15 ~ 19 位与 20 ~ 24 位。目标寄存器（rd）则占用 7 ~ 11 位（位索引以 0 为参考起点）。这种规整的指令格式进一步简化了指令解码器和指令执行器的设计。

3. 每条指令实现单个功能

与 CISC 指令集的设计思想截然相反，RISC-V 指令集中的每条指令只集中于优化实现单个的功能，这种将复杂任务通过多个单功能的指令来实现的做法也一直是 RISC 指令集的指导思想。因为这样可以简化流水线的设计，从而能实现更高的时钟主频，最终可以让 RISC 获得比 CISC 更佳的总体性能。

4. 内存访问只能通过 LOAD/STORE

与 8051 指令集中具有众多的寻址方式不同，在 RISC-V 指令集中，对内存的读写只能通过 LOAD 指令和 STORE 指令实现。而其他的指令，都只能以寄存器为操作对象。没有了复杂的内存寻址方式，使得流水线对数据冲突（Data Hazard）可以及早做出正确的判断，并通过流水线各级之间的转送加以处理，而不需要插入空操作（NOP），极大提高了代码的执行效率。当然，这一特点也是 RISC 指令集的共有特点之一。

至此我们可以看到，CISC 指令集的那些历史局限性，在 RISC-V 指令集中都得到了突破。下面的章节会将 RISC-V 与其他的主流 RISC 指令集做对比，并展示其设计上的考量与取舍。

3.3 RISC-V与其他RISC指令集的比较

根据 Andrew Waterman 的博士论文（Andrew Waterman 是 RISC-V 创始人之一，Krste Asanović 教授的学生），RISC-V 在当初的设计目标中和嵌入式处理器相关的部分如下：

（1）指令集规模小，要求模块化并可扩展。

（2）指令集设计独立于具体的处理器实现。

（3）支持 16 位与 32 位混合编程，以提高代码密度。

（4）对 C/C++ 等编程语言提供硬件支持。

（5）将用户指令集（User-Level ISA）和特权架构（Privileged Architecture）做正交分割（Orthogonalize），即不同特权架构的处理器可以在应用二进制接口（Application Binary Interface，ABI）层面做到代码互相兼容。

基于以上的设计目标，RISC-V 对其他主流指令集的利弊都做了一番深入的研究，并做出了以下改进：

（1）将指令集分为基础指令集与扩展指令集。在处理器实现时，基础指令集是强制要求的，但扩展部分可选。

这样的安排在设计之初就为未来的历史演进留下了余地，避免了其他的指令级随着历史演进而愈来愈臃肿的问题（例如 ARM 指令集，在 ARMv7 中仅整数指令集部分就包含高达 600 条指令）。

（2）去除了对跳转指令延迟槽的支持。

延迟槽（Delay Slot）在许多通用的 RISC 指令集（如 MIPS 和 SPARC）中都包含，甚至在专用数字信号处理器（例如 TI 的 C5x DSP）上也有支持。

延迟槽的目的是提高流水线的利用率,当跳转发生时,硬件不得不清空流水线,重新设置指令取指器。而这时,如果那些紧随在跳转指令之后进入流水线的指令(即延迟槽中的指令)可以继续被完全执行,而不被丢弃,则跳转指令的开销就可以被降低。

延迟槽实际上是把一部分工作量转移给了软件,而且严重限制了处理器的实现方式,所以 RISC-V 对此做了舍弃。不过,RISC-V 的设计者将比较和跳转做了紧密的结合,对跳转指令的效率问题给出了另外一种解决方案。

(3)取消对寄存器窗口的支持。

在函数调用时,编译器往往会插入开场白(Prologue)和收场白(Epilogue)代码来传递参数,并保存寄存器到栈上。当函数嵌套层次比较深时,这种开场白和收场白代码的开销就显得很可观。为了降低函数调用中的这部分开销,在加州大学伯克利分校设计的第一代 RISC 处理器和后来 SUN 公司的 SPARC 处理器当中,都引入了寄存器窗口的设计,也就是在处理器中包含了多套通用寄存器。当函数调用发生时,主调函数(Caller)和被调函数(Callee)共享现有的这套通用寄存器,同时硬件还会给被调函数分配一套新的通用寄存器。这样在函数嵌套调用时,每次调用都无须再保存寄存器到栈上,从而大大降低了开场白和收场白的代码开销。

说明:这种设计的结果就是硬件开销变得很大,而且实际使用起来的效果并不理想,特别是当通用寄存器被耗尽时,其处理会变得非常麻烦和缓慢。因此 RISC-V 对此弃之不用,而代以类似 IBM S/390 中的毫码程序(Millicode Routine)的办法。

(4)支持 16 位指令扩展,并支持 16 位与 32 位混合编程。

与 ARM 等其他指令集不同的是,RISC-V 的 16 位指令只是一个扩展,并不是一个单独的指令集。而且每条 16 位指令都可以翻译成一条对应的 32 位指令,从而简化了指令解码器的设计。

3.4 RISC-V基础指令集（RV32I与RV32E）

RISC-V 的官方标准主要分成两部分：用户指令集（User-Level Instruction Set Architecture）与特权架构（Privileged Architecture）。

RISC-V 用户指令分类如图 3-3 所示，RISC-V 的用户指令集分为基础整数指令集（Base Integer Instruction Set）和扩展指令集（Extension）。根据处理器字长的不同，基础整数指令集又有 32 位、64 位和 128 位之分。而扩展指令集则有 16 位压缩指令（C，Compressed Instructions）、硬件乘除法（M，Integer Multiplication and Division）、取指隔离（Zifencei，Instruction Fetch Fence）等多种不同的扩展。考虑本书的主题主要是针对嵌入式系统开发，所以对 64 位和 128 位的指令将不予讨论。在本章节会主要讨论 RISC-V 32 位整数指令集（RV32I）和 32 位嵌入式指令。

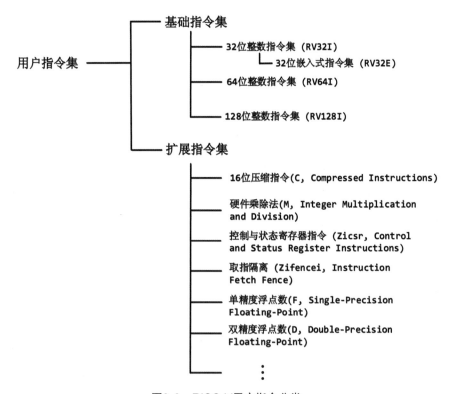

图3-3　RISC-V用户指令分类

3.4.1 RV32I 与 RV32E 基础指令集简介

在 RISC-V 标准刚刚推出时，32 位的基础指令集只有 RV32I，即 32 位整数指令集。后来考虑嵌入式系统资源稀缺的情况，又制定了 RV32E 基础指令集，这里的字母 E 即代表嵌入式（Embedded）。RV32I 和 RV32E 的主要区别是在通用寄存器的数量上，在 RV32I 中，总共有 32 个 32 位宽的通用寄存器，而 RV32E 只支持 16 个 32 位宽的通用寄存器。另外 RV32E 仅支持 M、A、C 三种指令扩展。

上述 RV32I 与 RV32E 的区别对 ASIC 的设计实现是有着实际意义的，在 ASIC 实现中，寄存器通常是通过触发器来实现的。对于面积优化的 RV32I 设计，移除 16 个通用寄存器大约可以节省 25% 的芯片面积；而对于 FPGA 实现来说，移除这 16 个寄存器并不能带来资源上面的节省。因为在 FPGA 当中，通用寄存器可以使用片上内存（Block Memory，BRAM）来实现。以 Intel MAX10 FPGA 为例，其 BRAM 是 M9K 类型，即每片 9Kb。而将 32 个 32 位通用寄存器用内存实现，只需要 1 024 位，会占用一片完整的 M9K BRAM。即使减少通用寄存器数量，其占用的 M9K 数量却依然还是一片，不会减少。基于这一点，本书将重点讨论 RV32I。

3.4.2 RISC-V 地址空间

RISC-V 的地址空间如图 3-4 所示。RISC-V 总共有 3 个独立的地址空间。

1. 内存地址空间

内存地址空间可以用来分配给代码、数据，或者作为寄存器的内存映射（Memory Mapped Registers）。在物理实现时，代码和数据可以共用存储（von Neumann，冯·诺依曼架构），也可以分别存储（Harvard，哈佛架构）。和其他的处理器一样，RISC-V 的处理器也是通过程序计数器（Program Counter，PC）来指示当前正在执行的指令地址的。

在寄存器的内存映射部分，大部分的外围设备寄存器都会被映射到这个空间，其中也包括机器模式的定时器（Mtime）和定时器触发值（Mtimecmp）。

2. 通用寄存器

RV32I 指令集包含 32 个通用寄存器，而 RV32E 只有 16 个这样的寄存器。

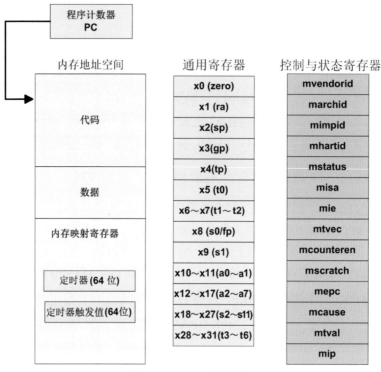

图3-4　RISC-V地址空间

3. 控制与状态寄存器

在 RISC-V 的特权架构部分还对控制与状态寄存器（Control Status Register，CSR）做了定义，并单独分配了 12 位的地址空间。在用户指令集中，则专门定义了 Zicsr 指令集扩展来对 CSR 进行操作。

3.4.3　RV32I 通用寄存器与函数调用约定

RV32I 基础指令集总共定义了 32 个 32 位的通用寄存器。它们分别被标记为 x0 ～ x31。其中零号寄存器 x0 是只读寄存器，其值永远为零。

RISC-V 的设计目标之一就是对 C/C++ 等高级语言提供硬件支持，并保持不同处理器之间在 ABI 层面的相互兼容。RISC-V 的用户指令标准还对函数调用约定（Calling Convention）做了标准化，也就是对函数调用时，哪些寄存器需要保存，还对寄存器具体的职能分配做了规定（因为 RV32E 只有 16 个通用寄存器，所以

RV32E 的 ABI 和 RV32I 的 ABI 不兼容）。在用汇编语言编写时，这 32 个寄存器的名称也根据其在调用约定中的职能而被重新命名。具体如表 3-1 所示。

表 3-1　函数调用约定的寄存器分配

寄存器名称	汇编名称	功能描述	调用返回后其值是否会保证不变
x0	zero	零寄存器	未定义
x1	ra	返回地址	否
x2	sp	栈指针	是
x3	gp	全局指针	未定义
x4	tp	线程指针	未定义
x5	t0	临时寄存器，或者用作替代链接寄存器（见后续章节详述）	否
x6	t1	临时寄存器	否
x7	t2	临时寄存器	否
x8	s0/fp	该寄存器需要被调函数予以保存，或也可用作调用栈的帧指针	是
x9	s1	该寄存器需要被调函数予以保存	是
x10~x11	a0~a1	函数参数或返回值	否
x12~x17	a2~a7	函数参数	否
x18~x27	s2~s11	该寄存器需要被调函数予以保存	是
x28~x31	t3~t6	临时寄存器	否

注意：需要指出的是，除了硬件指令集会对函数调用约定产生影响外，高级语言的编译器也会对其有影响。

例如，对下面的函数：

```
void dummy(int a, int b, int c, int d, int e);
```

不同的编译器可能对函数参数压栈的顺序有不一致的理解。有的会从左到右，以 a、b、c、d、e 的顺序压栈；有的则反之，从右到左压栈。这种编译器在函数调用约定上的不一致在 C 和 C++ 语言混合编程时经常发生。当 C++ 模块直接调用 C 语言模块时，链接器会给出警告或报错。通常的做法是在调用时，把 C 语言的函数用 C++ 关键字 extern "C" 加以修饰说明，从而给编译器以明确的指示。

3.4.4 RV32I 指令格式

RV32I 基本指令格式如图 3-5 所示，RV32I 的基本指令格式只有 4 种，分别是寄存器类型（R-TYPE）、短立即数类型（I-TYPE）、内存存储类型（S-TYPE）、高位立即数类型（U-TYPE）。

31	25 24	20 19	15 14	12 11	7 6	0	**R-TYPE**
功能	源寄存器2	源寄存器1	功能	目标寄存器	操作码		寄存器类型

31		20 19	15 14	12 11	7 6	0	**I-TYPE**
立即数[11:0]		源寄存器1	功能	目标寄存器	操作码		短立即数类型

31	25 24	20 19	15 14	12 11	7 6	0	**S-TYPE**
立即数[11:5]	源寄存器2	源寄存器1	功能	立即数[4:0]	操作码		内存存储类型

31			12 11		7 6	0	**U-TYPE**
立即数[31:12]			目标寄存器		操作码		高位立即数类型

图3-5　RV32I基本指令格式

为了方便跳转指令，RV32I 还包含两种衍生格式 B-TYPE（Branch，条件跳转）与 J-TYPE（Jump，无条件跳转）。B-TYPE 衍生于 S-TYPE，B-TYPE 除了立即数的位排列与 S-TYPE 不一样外，其他的格式都与 S-TYPE 一样。J-TYPE 也是通过类似的方式衍生于 U-TYPE。用这种方式衍生新格式的目的是便于硬件产生目标地址。

上面这些格式，除 R-TYPE 外，其他的格式都需要把最高位（第 31 位）做符号扩展，以产生一个 32 位的立即数，作为指令的操作数。

图 3-5 所示的这些指令格式非常规整，其操作码、源寄存器和目标寄存器总是位于相同的位置上，简化了指令解码器的设计。

3.4.5 RV32I 算术与逻辑指令

1. 立即数指令

1）立即数加法

RV32I 立即数加法的定义如图 3-6 所示。这里特别要指出的是，和许多其他的指令集不同，在 RV32I 当中并没有专门的状态寄存器和标记位来记录加法溢出。对加法溢出的判断是通过在加法指令之后安排比较和跳转指令来实现的。对符号数加法来说，只有正数加正数，或者负数加负数的情况才有可能发生溢出，所以溢出可以通过符号位（与零比较）来判断。而对无符号数来说，其和应该不小于被加数，所以溢出也可据此判断。

图3-6　立即数加法 ADDI

从 RV32I 对溢出标记的舍弃，也可以看出 RISC-V 非常强调指令集的简洁，极力减少不必要的硬件或指令，秉承了 RISC 指令集将复杂操作通过多条简单指令来实现的原始设计理念，可以说是不忘初心（这里实际上涉及一个更加复杂的话题，即 RISC-V 在设计时对条件编码（Condition Code）的舍弃）。具体的细节会在后续章节加以讨论。

从 ADDI 指令也可以衍生出空操作指令（NOP）。对 RISC-V 指令集，编译器一般会把 ADDI 中的立即数、源寄存器、目标寄存器都置为零，当作空操作指令使用。

2）立即数比较

RV32I 的立即数比较指令如图 3-7 所示。无论是符号数比较还是无符号数比较，图 3-7 中的 12 位立即数都应该通过符号位扩展变为 32 位立即数，然后根据指令 12 ～ 14 位中的功能定义，来决定比较方式符号数（SLTI）/无符号数（SLTIU）。

图3-7　立即数符号数/无符号数比较

比较时，如果源寄存器中的值小于该 32 位立即数，则将目标寄存器置为 1；否则置为零。由此，还可以通过 SLTIU 产生一个衍生指令：

```
SEQZ rd, rs    ⇔    SLTIU rd, rs1, 1
```

该 SEQZ 指令可以很方便地根据源寄存器中的值产生零位标志，而无须添加额外的硬件或指令。

3）立即数逻辑操作

RV32I 的立即数逻辑操作如图 3-8 所示。细心的读者可能已经注意到了，RV32I 中并没有定义逻辑反操作（NOT）。实际上，逻辑反操作可以通过 XORI 来实现（只需将 XORI 指令中的立即数置为全 1 即可）。

31	20 19	15 14	12 11	7 6	0	
立即数[11:0]	源寄存器1	111	目标寄存器	0010011		**ANDI** 立即数逻辑与

31	20 19	15 14	12 11	7 6	0	
立即数[11:0]	源寄存器1	110	目标寄存器	0010011		**ORI** 立即数逻辑或

31	20 19	15 14	12 11	7 6	0	
立即数[11:0]	源寄存器1	100	目标寄存器	0010011		**XORI** 立即数逻辑异或

图3-8 立即数逻辑操作

4）立即数移位操作

RV32I 的立即数移位操作如图 3-9 所示。对逻辑左移操作，需要在最低有效位（Last Significant Bit，LSB）补零。对逻辑右移操作，需要在最高有效位（Most Significant Bit，MSB）补零。而对算术右移操作，则需要在高位做符号位扩展。同时，为了指令集的简洁，RV32I 中没有包括循环移位指令，因为循环移位可以通过移位指令和其他指令的组合来实现。

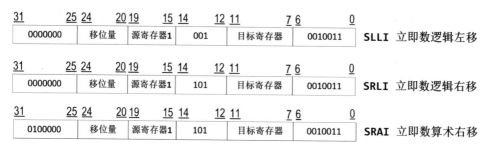

31	25 24	20 19	15 14	12 11	7 6	0	
0000000	移位量	源寄存器1	001	目标寄存器	0010011		**SLLI** 立即数逻辑左移

31	25 24	20 19	15 14	12 11	7 6	0	
0000000	移位量	源寄存器1	101	目标寄存器	0010011		**SRLI** 立即数逻辑右移

31	25 24	20 19	15 14	12 11	7 6	0	
0100000	移位量	源寄存器1	101	目标寄存器	0010011		**SRAI** 立即数算术右移

图3-9 立即数移位操作

　　SRLI 与 SRAI 的唯一编码区别是第 30 位。在处理器硬件实现上述移位指令时，硬件只需判断此位便可加以区分。然而，为了兼容性测试的需要，RISC-V 官方提供了一个非法指令（Illegal Instruction）的软件测试，当硬件遇到非法指令时产生异常。为了通过该测试，硬件设计时需要将图 39 中的高 7 位都考虑进去。

　　5）32 位立即数构建与地址生成

　　通过对图 3-5 的观察可以发现，U-TYPE 指令中的立即数有 20 位，而 I-TYPE 指令中的立即数有 12 位。32 位立即数可以通过一条 U-TYPE 指令和一条 I-TYPE 指令来联合构建。图 3-10 中的 LUI（Load Upper Immediate，高位立即数载入）指令即是为此目的而设计的，该指令会将其所携带的 20 位立即数载入目标寄存器的高位，而将目标寄存器的低 12 位置零。如果在 LUI 指令之后紧随一条 ADDI 指令，则可以继续构建目标寄存器的低 12 位，从而拼接出完整的 32 位立即数。该 32 位立即数也可以作为 32 位的地址使用。

图3-10　立即数和立即地址构建指令

　　根据 RISC-V 这种"20+12=32"的立即数指令格式，可以把 RISC-V 的内存空间想象成一个分页的结构，其每个页面的大小为 2^{12}=4 096 字节，而页地址则有 20 位。图 3-10 中的 AUIPC（Add Upper Immediate to PC，高位立即数加 PC）指令就是为了移动页地址而设计的，和其他的 U-TYPE 指令一样，AUPIC 也会将其携带的 20 位立即数作为高位，而将低 12 位置零，以生成一个完整的 32 位数。然后该 32 位数会与当前指令计数器（32 位寄存器）的值相加，并将结果存入目标寄存器（RV32I 也用 PC 来存放当前活跃指令的内存地址）。

　　RISC-V 的设计目标之一就是为高级语言提供硬件支持，而有了 AUIPC 指令，可以很容易构建相对 PC 的寻址方式，从而实现独立于地址的代码（Position Independent Code，PIC）。如果要将相对于当前地址 0x1234 字节的内容载入 x4 寄

存器，则可以通过 AUIPC 指令用如下的代码实现：

```
aupic x4, 0x1      # PC + 0x1000  => x4
lw     x4, 0x234(x4) # (x4 + 0x234) => x4
```

如果不使用 AUIPC 指令，则需要采用如下的变通办法：

```
jal x4, 0x4        # PC + 4  => x4，同时也无条件跳转至 PC + 4
lui x5, 0x1        # 0x1000  => x5
add x4, x4, x5     # x4 + x5 => x4，x4的值变为 PC + 0x1004
lw  x4, 0x230(x4)  # (PC + 0x1004 + 0x230) => x4
```

虽然上面的变通办法也可以达到目的，但是它有以下缺点：

（1）代码晦涩冗长，而且需要借助额外的寄存器 x5。

（2）跳转指令（Jump and Link，JAL）可能会误导流水线的运行，使得流水线执行清空动作。在某些采用 BTB（Branch Target Buffer，分支目标缓冲区）（用来记录之前发生过跳转的指令的 PC 值和目标地址）来做跳转预测的处理器上，上面的跳转指令会在 BTB 中留下记录条目，但对跳转预测却并无帮助，因为目标地址等同于下一条顺序执行的指令地址。

由此可见，AUIPC 的引入极大地减轻了编译器的负担。

注解：跳转预测

为了进一步提高流水线的运行效率，处理器的设计者往往会在取指器中加入跳转预测的模块。跳转预测常用的模块部件有：

① BHT (Branch History Table，跳转历史表)，利用 PC 的末几位地址，来记录之前发生的跳转历史，作为动态跳转预测的依据。BHT 有时也叫 BHB (Branch History Buffer)。

② BTB，当跳转发生时，BTB 会记录下跳转指令的地址和其目标地址（Target Address）。当该 PC 值再次被遇到时，则可以将之前记录的目标地址

作为指令读取的地址。一般来讲，最终真正的目标地址都会在流水线比较靠后的阶段才能确定，如果最后确定的目标地址与之前记录的地址不一致，则宣告跳转预测失败，清空流水线重新取指令。否则，预测成功，流水线不会有停顿。

③ RAS (Return Address Stack，返回地址栈)，RAS 与 BTB 有些类似，RAS 主要是用来对跳转返回指令提供预测地址。当程序遇到函数调用指令时，会把函数的返回地址存入 (push) 到 RAS 中。当取指器认为当前指令是一条跳转返回指令时，就会做退栈动作 (pop)，并把之前存在 RAS 栈顶的地址作为下一条指令的读取地址。之后，在流水线比较靠后的阶段，当最终的目标地址被确定时，如果目标地址与 RAS 提供的预测地址不吻合，则预测失败，清空流水线重新取指令；否则，预测成功，流水线不会有停顿。

2. 寄存器 - 寄存器指令

寄存器 - 寄存器指令包括加减法（见图 3-11）、数值比较（见图 3-12）、逻辑操作（见图 3-13）与移位操作（见图 3-14）。这些指令的功能和前面的立即数指令相似，唯一的区别是立即数指令中的立即数被替换为源寄存器 2（寄存器 - 寄存器指令中包含减法指令，而立即数操作则没有定义减法）。

31	25 24	20 19	15 14	12 11	7 6	0	
0000000	源寄存器2	源寄存器1	000	目标寄存器	0110011		**ADD** 寄存器加法

31	25 24	20 19	15 14	12 11	7 6	0	
0100000	源寄存器2	源寄存器1	000	目标寄存器	0110011		**SUB** 寄存器减法

图3-11　寄存器加减法

31	25 24	20 19	15 14	12 11	7 6	0	
0000000	源寄存器2	源寄存器1	010	目标寄存器	0110011		**SLT** 寄存器符号数比较

31	25 24	20 19	15 14	12 11	7 6	0	
0000000	源寄存器2	源寄存器1	011	目标寄存器	0110011		**SLTU** 寄存器无符号数比较

图3-12　寄存器数值比较

31	25	24	20	19	15	14	12	11	7	6	0	
0000000		源寄存器2		源寄存器1		111		目标寄存器		0110011		**AND**寄存器逻辑与

31	25	24	20	19	15	14	12	11	7	6	0	
0000000		源寄存器2		源寄存器1		110		目标寄存器		0110011		**OR**寄存器逻辑或

31	25	24	20	19	15	14	12	11	7	6	0	
0000000		源寄存器2		源寄存器1		100		目标寄存器		0110011		**XOR**寄存器逻辑异或

图3-13 寄存器逻辑操作

31	25	24	20	19	15	14	12	11	7	6	0	
0000000		源寄存器2		源寄存器1		001		目标寄存器		0110011		**SLL**寄存器逻辑左移

31	25	24	20	19	15	14	12	11	7	6	0	
0000000		源寄存器2		源寄存器1		101		目标寄存器		0110011		**SRL**寄存器逻辑右移

31	25	24	20	19	15	14	12	11	7	6	0	
0100000		源寄存器2		源寄存器1		101		目标寄存器		0110011		**SRA**寄存器算术右移

图3-14 寄存器移位操作

由于这些相似性，本书对寄存器 - 寄存器指令不再赘述，读者如有疑问，可以查阅 RISC-V 官方标准中的相关部分。

3.4.6 控制转移指令

RISC-V 中的转移控制指令（Control Transfer Instructions）主要包括以下两类：

（1）无条件跳转（Unconditional Jump）。

（2）有条件跳转（Conditional Branches）。

不过和其他指令集相比，RISC-V 的跳转指令设计得非常有特色：

（1）RISC-V 中并没有专门的函数调用指令，函数的调用是通过设置跳转指令中的寄存器来实现的，这样减小了指令集的规模。

（2）RISC-V 将比较和跳转相结合，而且利用条件跳转来对"溢出""零值"等做出判断。RISC-V 本身并不专设状态寄存器来做溢出位、加法进位、零值标识等，从而简化了处理器结构。

（3）RISC-V 为无条件跳转指令专门定义了一种 J-TYPE 的指令格式，而该格式衍生于 U-TYPE。J-TYPE 只是在 U-TYPE 的基础上，对立即数的某些位做了位置调整。对有条件跳转指令，RISC-V 也做了类似的处理，在 S-TYPE 的基础上衍生出了 B-TYPE。这些细微的调整，可以在一定程度上降低硬件设计的开销。

1. 无条件跳转指令 (Unconditional Jump)

1）直接跳转 JAL（Jump and Link，跳转与链接）

JAL 指令如图 3-15 所示。RISC-V 为 JAL 指令专门定义了 J-TYPE 格式。将图 3-15 和图 3-5 中的 U-TYPE 比较，可以发现除了立即数的某些位做了位置调整以外，其他都没有变化。JAL 指令会把其携带的 20 位立即数做符号位扩展，并左移一位，产生一个 32 位的符号数。然后将该 32 位符号数和 PC 相加来产生目标地址（这样，JAL 可以作为短跳转指令，跳转至 PC±1 MB 的地址范围内）。

图3-15　JAL 指令

同时，JAL 也会把紧随其后的那条指令的地址存入目标寄存器中。这样，如果目标寄存器是零，则 JAL 等同于 GOTO 指令；否则，JAL 可以实现函数调用的功能。

2）间接跳转 JALR（Jump and Link Register，跳转与链接寄存器）

JALR 指令如图 3-16 所示。JALR 指令会把所携带的 12 位立即数和源寄存器相加，并把相加的结果末位清零，作为新的跳转地址。同时，和 JAL 指令一样，JALR 也会把紧随其后的那条指令的地址存入目标寄存器中。

31	20 19	15 14	12 11	7 6	0	
立即数[11:0]	源寄存器1	000	目标寄存器	1100111		**JALR** 间接跳转

图3-16　JALR指令

JAL 指令受其指令格式所限，只能实现 PC±1 MB 的短跳转。而通过如下的指令序列将 JALR 指令和 LUI/AUIPC 指令相结合，可以实现全地址空间的跳转：

```
lui ra, 立即数(20位)
jalr ra, ra, 立即数(12位)
```

或者

```
auipc ra, 立即数(20位)
jalr ra, ra, 立即数(12位)
```

2. 动态预测返回地址

尽管 RISC-V 指令集本身并没有对 JAL 或 JALR 中目标寄存器的取值做出限制，但是根据前面提到的函数调用约定（Calling Convention），JAL/JALR 常用的目标寄存器有 x1（ra，返回地址）和 x5（t0，替代链接寄存器）。对普通的函数调用，x1（ra）会被用来存放返回地址。然而，表 3-1 的调用约定中还定义了 x5（替代链接寄存器），其作用是：

（1）在使用压缩扩展指令集（Compressed Instruction Extension）时，方便将函数调用的开场白和收场白作为公共的函数调用，从而到达提高代码密度（Code Density）的目的。对 x5（替代链接寄存器）的具体用法，会在后续有关"压缩指令扩展"的章节做详细讨论。

（2）对于协程（Coroutine）这种需要实现堆栈切换的情况，利用 x5（替代链接寄存器）可以帮助实现快速的 Coroutine 调用与返回（见表 3-2）。

表 3-2　JALR 指令的 RAS 操作

目标寄存器(rd)	源寄存器(rs1)	rd ?= rs1	RAS操作	备　　注
(rd ≠ x1) && (rd ≠ x5)	(rs1 ≠ x1) && (rs1 ≠ x5)	无关	无	非函数调用指令，亦非调用返回指令

续表

目标寄存器(rd)	源寄存器(rs1)	rd ?= rs1	RAS操作	备 注
(rd ≠ x1) && (rd ≠ x5)	(rs1 = x1) || (rs1 = x5)	无关	返回地址出栈	调用返回指令
(rd = x1) || (rd = x5)	(rs1 ≠ x1) && (rs1 ≠ x5)	无关	返回地址入栈	函数调用指令
(rd = x1) || (rd = x5)	(rs1 = x1) || (rs1 = x5)	(rd ≠ rs1)	在同一指令周期中，既出栈又入栈	协程
(rd = x1) || (rd = x5)	(rs1 = x1) || (rs1 = x5)	(rd = rs1)	返回地址入栈	宏操作合并

RISC-V 的函数调用约定将 JAL/JALR 在调用和返回时可使用的寄存器限制在 x1 或 x5 上，为动态预测返回地址创造了条件。在 3.4.5 节的注解部分，提到了跳转预测常用的三种模块：BHT、BTB 与 RAS。将 RAS 与无条件跳转指令相结合，则可以很好地实现返回地址的动态预测，具体做法如下：

（1）JAL 指令的 RAS 操作。

根据函数调用约定，当 JAL 的目标寄存器值是 x1 或者 x5 时，可以判定其是在做函数调用。这时可以把返回地址（紧随其后的那条指令的地址）压入 RAS。

（2）JALR 指令的 RAS 操作。

JALR 指令既可以作为函数调用指令，又可以作为调用返回指令，其 RAS 的操作方式如表 3-2 所示。

注解：协程

在多任务处理中（Multi-task），协程（Coroutine）可以被看作一种合作式（Collaborative），非抢断式（Non-preemptive）的线程（Thread）。图 3-17 展示了两个协程互相调用的情形，其中每一个节点都是一个退让（Yield）操作。这样的话，协程 A 和 B 会轮流按照 1、2、3、4、5 的顺序执行。

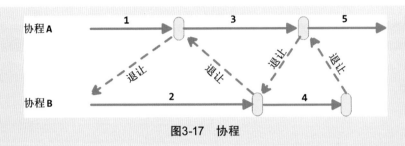

协程A

退让 退让 退让 退让

协程B

图3-17 协程

为了实现协程，往往需要做堆栈的切换。把 alternative link register 和表 3-2 相结合，把 x1(ra) 与 x5（替代链接寄存器）分别分配给图 3-17 中的协程 A 和 B，则可以提高跳转预测的准确率，以实现协程的快速调用和返回。在图 3-17 中除第一个退让外，其他的退让操作既可以看作从一个协程返回另外一个协程，又可以看作从一个协程调用另外一个协程。这就是为什么表 3-2 中的第 4 行既有出栈操作，又有入栈操作。

注解：宏操作合并

在处理器设计中，可以设计一个硬件模块，在指令解码阶段之前，通过对已取指令序列的观察，将其中某些前后相邻的简单指令合并为一条复杂的指令（可以是处理器内部定义的专门指令），以提高指令执行效率，这种做法称为宏操作合并（Macro-Op Fusion）。3.4.6 节最后所提到的 LUI+JALR 或 AUIPC+JALR 指令序列，就是被宏操作合并的典型例子。表 3-2 中的最后一行，就是为了提高这两个指令序列被宏操作合并之后的跳转预测准确率而设计的。

这里要注意的是，宏操作合并是处理器设计实现的方法，与指令集本身无关。另外，Intel 公司是宏操作合并技术的发明者，对该项技术拥有专利。

---

3. 条件编码

在讨论有条件跳转指令（Conditional Branches）之前，有必要先介绍一下条件编码（Condition Code）的概念。实际上，以笔者多年从事嵌入式设计的经验来看，由于各种技术指标之间的相互抵触（例如数字设计的 AT^2 边界限制），设计的过程更多的是在各个技术方案之间寻求妥协和取舍，以求达到总体最优的过程。RISC-V 的设计者也是基于各种综合的考量，最终决定舍弃条件编码，而代之以将条件判断与跳转指令直接相结合的方案，具体如下。

在传统的 RISC 设计中，设计者往往会安排一个状态寄存器，在其中放置各类的标志位 [例如溢出标志(Overflow)、零标志(Zero Flag)、进位标志(Carry)等]。在某条指令更改了这些标志位之后，后续的指令会根据更改后的标志位来决定是否需要被执行。为此，这些标志位会被编码（即条件编码），并成为指令编码的一部分。

在 ARMv8 指令集中，就在指令编码中专门分配了 4 位，用来做条件编码，以表示比较相等（结果为零）、溢出等状态。对" if (a == 10) {…}"这样的高级代码，编译器的常用处理方式是在一个计算指令之后跟随一个条件执行指令，如下面的伪代码所示：

```
subtraction (register - 10)        # 减法，结果可以被丢弃
branch if zero flag is not set     # 如果不相等则跳转
```

> **注意：** 上面的代码序列实际上包含了状态寄存器的使用。第一条的减法指令会影响状态寄存器中的零标志位，而第二条的跳转指令中的条件编码包含有零标志判断，但是不包含对通用寄存器的读取。

使用条件编码的优点是可以让条件跳转指令变得相对比较简单（不涉及对通用寄存器的读取，只涉及标志位），这样跳转条件就可以在流水线比较靠前的阶段被判断出来。但是这样做的缺点是条件编码需要在指令编码中占用一定的位，而且需要在条件跳转指令之前安排另外一条指令用来设置标志位，降低了代码密度。同时，硬件也需要有专门的状态寄存器，记录各种标志位。

而 RISC-V 的设计者则另辟蹊径，将上面标志位设置指令合并到条件跳转指令中去，在条件跳转指令中直接读取通用寄存器做判断，这种做法的优点是：

- 没有条件编码，节省下的位可以被指令编码派作其他用途，从而减小指令集规模。

- 只要一条指令就可以实现上面需要两条指令来实现的功能，提高了代码密度。

- 不需要专门的状态寄存器来记录各种标志位，降低了硬件的开销。

这种做法的缺点是：由于需要在条件跳转指令中直接读取通用寄存器，跳转条件要在流水线中比较靠后的阶段才能判定。RISC-V 的设计者认为，目前跳转预测的准确度（预测跳转是否发生）和精确度（预测跳转目标地址）都已经大幅提高，将跳转条件的判定在流水线中后移并不会给性能带来太大的负面影响。权衡利弊，RISC-V 最终还是舍弃了条件编码。

4. 有条件跳转指令

RV32I 的有条件跳转指令总共有 6 条，其定义如图 3-18 所示（图中网格标记的深色部分为立即数）。RISC-V 为有条件跳转指令专门定义了新的指令格式 B-TYPE，其衍生于图 3-5 中的 S-TYPE。通过将图 3-18 与图 3-5 中的 S-TYPE 作比较，可以发现 B-TYPE 只是在 S-TYPE 的基础上对立即数的某些位做了顺序调整，其原因会在后续章节讨论。

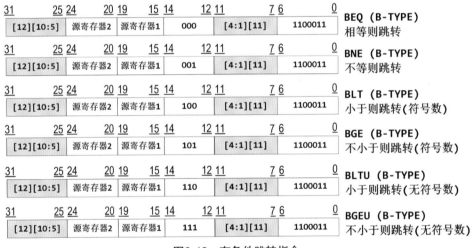

图3-18　有条件跳转指令

有条件跳转指令会将源寄存器 1 中的值和源寄存器 2 中的值做比较，如果满足表 3-3 中的比较条件则跳转，其目标地址产生的办法如下：

有条件跳转指令会把其携带的 12 位立即数做符号位扩展，并左移 1 位，来产生一个 32 位的立即数。该立即数会和当前的程序计数器值相加，来产生最终的目标地址。这样的话，有条件跳转指令能跳转至 PC ± 4 KB 的地址范围内。

表 3-3　有条件比较跳转指令

有条件跳转指令	跳 转 条 件	备　注
BEQ	(源寄存器 1) = (源寄存器 2)	—
BNE	(源寄存器 1) ≠ (源寄存器 2)	—
BLT	(源寄存器 1) < (源寄存器 2)	有符号数比较
BLTU	(源寄存器 1) < (源寄存器 2)	无符号数比较
BGE	(源寄存器 1) ≥ (源寄存器 2)	有符号数比较
BGEU	(源寄存器 1) ≥ (源寄存器 2)	无符号数比较

　　另外，将源寄存器 1 和源寄存器 2 对换，则可以从表 3-3 里的最后 4 条指令产生另外 4 条衍生指令，即 BGT（符号数比较，大于则跳转）、BGTU（无符号数比较，大于则跳转）、BLE（符号数比较，不大于则跳转）、BLEU（无符号数比较，不大于则跳转）。

5. 静态跳转预测

　　RISC-V 的设计者没有使用条件编码，而是选择让有条件跳转指令（Conditional Branches）直接对寄存器进行比较，导致跳转条件要在流水线中比较靠后的阶段才能判定。为了减少这种设计策略对处理器性能的负面影响，RISC-V 对跳转预测非常重视。除了动态跳转之外，针对有条件跳转指令，RISC-V 还对软硬件设计者做出了如下的建议，以帮助提高静态跳转的准确率：

　　（1）在软件设计中不要用条件永远为真的有条件跳转指令（例如 BEQ x0，x0）来代替无条件跳转指令，以减少对分支预测不必要的干扰。

　　（2）对于有条件跳转指令，其顺序分支应存放比较常用的代码，而其跳转发展应存放不太常用的代码。对高级语言的循环指令来说，这意味着循环体应放在顺序分支上。

　　（3）和高级语言的循环指令相关的另外一条对处理器硬件设计的建议就是：对于向前跳转的指令（目标地址大于 PC），应静态预测该跳转不发生。对向后跳转的指令（目标地址小于 PC），应静态预测该跳转会发生。如果和上一条建议相结合使用的话，则这种静态预测的策略非常符合大多数循环体

的实际状况（重复 N 次，然后退出循环）。软件设计者在做优化设计时，也应该将此条考虑在内。对有条件跳转指令，由于目标地址的产生非常简单直接（PC+ 立即数），所以不需要很大的硬件开销就可以实施这条指令。

6. B-TYPE 和 J-TYPE 中的立即数

RV32I 中为 JAL 指令和有条件跳转指令分别定义了 J-TYPE 与 B-TYPE 格式。这两种格式实际上各自衍生于 U-TYPE 与 S-TYPE。J-TYPE 除了立即数的位排列与 U-TYPE 不一样外，其他的格式都与 U-TYPE 一样。B-TYPE 也是通过类似的方式衍生于 S-TYPE。RISC-V 的设计者做出这种安排的主要原因是为了减小硬件的开销，现说明如下。

为了实现 16 位地址的边界对齐，JAL 指令和有条件跳转指令都需要将其所携带的立即数做左移一位的操作。如果不在指令格式上做些处理的话，那么最后生成的 32 位立即数，其位的位置和 U-TYPE 与 S-TYPE 相比，会因位置的偏差而没有对齐，这就会增加指令解码器的硬件开销。而衍生定义 J-TYPE 和 B-TYPE 的目的，就是为了将移位后的大部分位保留在原来的位置上。

将图 3-5 中的 I-TYPE、S-TYPE 和 U-TYPE 与图 3-15 及图 3-18 做比较，可以将处理器中有关 32 位立即数生成的各位组成归纳如表 3-4 所示。

表 3-4　立即数位组成

立即数位	对应的指令位
[31]	位 31
[30:20]	I-TYPE, S-TYPE, B-TYPE, J-TYPE: 位 31 的符号位扩展
	U-TYPE：[30:20]
[19:12]	I-TYPE, S-TYPE, B-TYPE: 位 31 的符号位扩展
	U-TYPE，J-TYPE：[19:12]
[11]	I-TYPE, S-TYPE：位 31
	B-TYPE：位 7
	J-TYPE：位 20
	U-TYPE：数值零

立 即 数 位	对应的指令位
[10:5]	I-TYPE，S-TYPE，B-TYPE，J-TYPE：[19:12]
	U-TYPE：数值零
[4:1]	I-TYPE，J-TYPE：[24:21]
	S-TYPE，B-TYPE：[11:8]
	U-TYPE：数值零
[0]	I-TYPE：位 20
	S-TYPE：位 7
	B-TYPE，U-TYPE，S-TYPE：数值零

从表 3-4 可以看出，在最终需要产生的 32 位立即数中，有多于 80% 的位（26/32）其来源最多只有两个，从而极大降低了立即数生成的硬件开销。而这一优势，都是拜衍生格式 B-TYPE 与 J-TYPE 所赐。

3.4.7　内存载入与存储指令

1. 小端模式

对于字长超过 8 位的系统，其数据在内存中的存放方式主要有两种：一种是小端模式（Little Endian，小字节序或低字节序），即对每个字长的数据，将低位的字节存放在内存地址的低位部分；另外一种存放方式是大端模式（Big Endian，大字节序或高字节序），即对每个字长的数据，将高位的字节存放在内存地址的低位部分。虽然从技术角度来说，这两种存放方式各有利弊，但是考虑到目前大部分的商用系统都采用小端模式，所以 RISC-V 的设计者也决定将小端模式定为 RISC-V 的标准模式。

2. 载入指令

和传统的 RISC 指令集一样，RISC-V 避免了 CISC 指令集中那种通过多种寻址方式访问内存的做法，而将内存的访问仅限于载入（Load）和存储（Store）指令。RISC-V 中的内存载入指令包括单字节、双字节和 32 位三种字长。同时对单字节和双字节指令，根据其符号位处理方式的不同（符号位扩展或零位填充），又可分为符号数载入与无符号数载入。为此，RISC-V 中定义了 5 条不同的载入指令，如图 3-19 所示。

31	20	19	15	14	12	11	7	6	0	
立即数[11:0]		源寄存器1		000		目标寄存器		0000011		LB 单字节符号数载入

31	20	19	15	14	12	11	7	6	0	
立即数[11:0]		源寄存器1		100		目标寄存器		0000011		LBU 单字节无符号数载入

31	20	19	15	14	12	11	7	6	0	
立即数[11:0]		源寄存器1		001		目标寄存器		0000011		LH 双字节符号数载入

31	20	19	15	14	12	11	7	6	0	
立即数[11:0]		源寄存器1		101		目标寄存器		0000011		LHU 双字节无符号数载入

31	20	19	15	14	12	11	7	6	0	
立即数[11:0]		源寄存器1		010		目标寄存器		0000011		LW 32位符号数载入

图3-19　内存载入指令

在图 3-19 所示的内存载入指令中，需要将其所携带的 12 位立即数作符号扩展，变为一个 32 位的符号数，然后将该 32 位符号数同源寄存器相加，以产生内存的读取地址。内存读取完成后，从内存读取的数据最终会被存入目标寄存器。

内存的读取可能会导致硬件异常，具体的细节会在后续章节讨论。

3. 存储指令

和载入指令相类似，RISC-V 中还根据字长的不同，分别定义了三种内存存储指令，如图 3-20 所示。其内存写入地址的产生也和载入指令类似，即将其所携带的 12 位立即数作符号扩展并同源寄存器 1 相加。而需要写入内存的数据则存放于源寄存器 2 当中。

31	25	24	20	19	15	14	12	11	7	6	0	
立即数		源寄存器2		源寄存器1		000		立即数		0100011		SB 内存单字节存储

31	25	24	20	19	15	14	12	11	7	6	0	
立即数		源寄存器2		源寄存器1		001		立即数		0100011		SH 内存双字节存储

31	25	24	20	19	15	14	12	11	7	6	0	
立即数		源寄存器2		源寄存器1		010		立即数		0100011		SW 32位内存存储

图3-20　内存存储指令

同内存读取一样，内存的写入操作也可以导致硬件异常。

4. 非对齐的内存读写 (Misaligned Memory Access)

和许多其他的系统一样，内存读写地址都是字节地址，如果软件操作不慎，就可能引起非对齐的内存读写，导致内存操作无法在一个读写周期内完成。对于这种情况，RISC-V 中并没有强制规定应对之道，而是交由处理器的设计者来自行决定。通常来说，处理器的设计者可以有硬件处理和软件处理两种解决策略。

（1）处理器的设计者可以选择以硬件方式来处理非对齐的内存读写，除了增加硬件开销之外，还需要考虑读写操作的原子化问题。由于非对齐的内存读写往往需要两个读写周期才能完成，如果处理器硬件在设计时不加以特殊处理，则可能会由于外部中断等原因，导致在这两个读写周期之间被插入其他的操作，使内存读写不再是一个原子化的操作。RISC-V 本身对这种情况并没有做强制规定，而是由软硬件开发者自行决定。

（2）处理器的设计者也可以选择不在硬件层面去处理，而代之让硬件产生异常，然后交由软件处理。

3.4.8　RV32I 内存同步指令

RISC-V 的设计者在设计之初就考虑到了并行处理的问题，在 RISC-V 的术语中，每个处理器核可以包含多个硬件线程，称作硬件线程（Hardware Thread，HART）。每个 HART 都有自己的程序计数器和寄存器空间，独立顺序运行指令。不同的 HART 会共享同一个内存地址空间，从这一点上来说，HART 和 Intel 处理器中的超线程（Hyper Thread）非常类似。

在 RISC-V 中，当这些不同的 HART 需要做内存访问同步时，需要显式地（Explicitly）使用 FENCE 指令来同步数据。由于多 HART 的问题不在本书讨论的范围之内，所以本书对 FENCE 指令不再做进一步阐述。然而，即使是顺序执行指令的单核单硬件线程处理器，其也会有内存同步的问题，具体主要有以下两种情形：

（1）自修改代码（Self-modifying Code），即程序在执行过程中，会动态修改自己的指令存储内存。无论在工业界还是学术界，这种做法都是颇有争议的。甚至有些极端的看法认为只有病毒软件才需要自修改代码，而且自修改代码往往会带来安全上的隐患，所以不建议使用。

（2）软件载入过程。软件载入的一般情况是处理器上电后会先运行引导加载程序（Bootloader），然后引导加载程序会把其他软件当作数据载入到内存中，接着跳转至载入地址，运行新载入的软件。在这个过程当中，处理器可能存在指令内存预读取、指令缓存、流水线等一系列对内存同步有复杂影响的活动，在新软件被运行之前，需要采取措施，以保证内存同步。

不论是上面哪一种情况，为了实现内存同步，处理器都先要运行某个固定的指令序列来清空缓存、刷新流水线等。这个固定的指令序列被称作内存屏障（Memory Barrier）。内存屏障通常是由处理器设计者提供给软件设计者的。在 RISC-V 中，定义了指令同步命令 FENCE.I（该指令属于 Zifencei 扩展），用来发挥内存屏障的作用。

由于本书只讨论单处理核的情况，所以在本书所涉及的范围内，FENCE 与 FENCE.I 的实现并没有太大的区别，其定义如图 3-21 所示。

图3-21　内存同步指令

3.4.9　控制与状态寄存器指令

RISC-V 中除了内存地址空间和通用寄存器地址空间外，还定义了一个独立的控制与状态寄存器（Control Status Register，CSR）地址空间，其地址宽度是 12 位。随着设计目标的不同，每个处理器实际实现的 CSR 可能会有所不同，因此 RISC-V 将 CSR 的定义放在了特权架构部分，不过这些 CSR 的访问方式却是一致的，RISC-V 将访问这些 CSR 的指令定义在了用户指令集中（Zicsr 指令集扩展）。

如图 3-22 所示，RISC-V 中一共定义了 6 条访问 CSR 的命令，其具体功能如表 3-5 所示。

图3-22 控制与状态寄存器(CSR)操作指令

表 3-5 CSR 命令的功能定义

指令	功能
CSRRW	(CSR) → (目标寄存器)；(源寄存器 1) → (CSR)
CSRRS	(CSR) → (目标寄存器)；(CSR) | (源寄存器 1) → (CSR)
CSRRC	(CSR) → (目标寄存器)；(~(CSR)) & (源寄存器 1) → (CSR)
CSRRWI	(CSR) → (目标寄存器)；立即数 → (CSR)
CSRRSI	(CSR) → (目标寄存器)；(CSR) | 立即数 → (CSR)
CSRRCI	(CSR) → (目标寄存器)；(~(CSR)) & 立即数 → (CSR)

在表 3-5 中定义的这些命令还包含如下规定：

（1）表 3-5 中定义的操作都是原子操作。

（2）对从 CSR 中读取的值都应该做零位扩展（将高位未使用部分置零）。

（3）对立即数，也应将未使用的高 27 位置零。

（4）如果目标寄存器为 x0 的话，则 CSRRW 和 CSRRWI 应避免读取 CSR，避免产生不必要的副作用。

（5）如果源寄存器为 x0，则 CSRRS、CSRRC 应避免对 CSR 写入操作。

（6）如果立即数为零，则 CSRRSI、CSRRCI 应避免对 CSR 写入操作。

在具体实现时，上述的这 6 条指令可以由硬件实现，也可以为了减小硬件开销，而选择让硬件产生异常，转而由软件来处理。

3.4.10　环境调用与软件断点

如图 3-23 所示，RISC-V 中还定义了两条指令（ECALL 和 EBREAK），以实现操作系统的系统调用与软件断点。

31　　　　　　　　　20	19　　15	14　　12	11　　　　　7	6　　　　0	
000000000000	00000	000	00000	1110011	**ECALL**　环境调用指令

31　　　　　　　　　20	19　　15	14　　12	11　　　　　7	6　　　　0	
000000000001	00000	000	00000	1110011	**EBREAK**　软件断点指令

图3-23　环境调用与软件断点指令

3.4.11　基础指令集的面积优化方案

RV32I 中共包含 47 条指令，分为 6 类，其各类包含的指令条目数如表 3-6 所示。

表 3-6　RV32I 指令条目数

指　　　令	指　令　数
算术逻辑指令	立即数指令 (11) + 寄存器－寄存器指令 (10) = 21
跳转指令	无条件跳转指令 (2) + 有条件跳转指令 (6) = 8
内存存储指令	Load (5) + Store (3) = 8
FENCE 指令	2
CSR 指令	6
环境调用与断点	2

如果处理器设计者想要极力减小硬件逻辑开销，可以选择性地将表 3-6 中最后的 3 类共 10 条指令做简化实现，即将 FENCE 指令用 NOP 来代替，将 CSR 指令和 ECALL、EBREAK 合并解码（这些指令的操作码部分都是一样的）并产生异常，然后交由软件处理。这样的话，指令集实际需要实现的总指令数变为 47-2-6-2+1=38 条。对面积（Area）优化的处理器设计，可以采取这种简化的方案。

3.5 RISC-V扩展指令集

RISC-V 将指令集分成基础指令集和扩展指令集（Extension）。基础指令集已经在前文中得到阐述，而扩展指令集则有 M（乘除法扩展）、C（压缩指令扩展）、A（原子操作扩展）、F（单精度浮点扩展）、D（双精度浮点扩展）等众多的标准扩展。除此之外，RISC-V 还允许处理器设计者添加非标准的扩展。

由于扩展众多，在编译器编译代码时，需要把目标处理器具体支持的指令扩展告诉编译器。以 GCC（GNU C Compiler）为例，其在编译代码时，往往需要软件工程师提供以下两个选项：-march 和 -mabi。

（1）-march 选项被用来告知 GCC 目标处理器的基础指令集和扩展，对 32 位基础指令集 RV32I，常用的选项有：

① -march=rv32i，仅支持基础 32 位整数指令集（RV32I）。

② -march=rv32im，支持 RV32I + 乘除法扩展。

③ -march=rv32imc，支持 RV32I + 乘除法扩展 + 16 位压缩指令扩展。

（2）-mabi 选项被用来告知 GCC 其应该生成的 ABI，对 32 位基础指令集，常用的选项有：

① -mabi=ilp32，C 语言中的 int、long 和指针类型都是 32 位，浮点参数通过整数寄存器传递。

② -mabi=ilp32f，-mabi=ilp32d，浮点参数通过浮点寄存器传递。

出于实际考虑，本书只讨论标准扩展中的 32 位乘除法扩展和 16 位压缩指令扩展部分。前者对数值计算非常重要，后者则能大大提高代码密度。

3.5.1 乘除法扩展（M Extension）

如图 3-24 所示，RISC-V 中根据乘数和被乘数的类型（有符号数 / 无符号数）和结果的截取范围（高 32 位 / 低 32 位），分别定义了 4 条 32 位的乘法指令，其结果也是 32 位。

31 25	24 20	19 15	14 12	11 7	6 0	
0000001	源寄存器2	源寄存器1	000	目标寄存器	0110011	MUL 符号数乘法，保留低32位
0000001	源寄存器2	源寄存器1	001	目标寄存器	0110011	MULH 符号数乘法，保留高32位
0000001	源寄存器2	源寄存器1	010	目标寄存器	0110011	MULHSU 符号数乘无符号数，保留高32位
0000001	源寄存器2	源寄存器1	011	目标寄存器	0110011	MULHU 无符号数乘法，保留高32位

图3-24　乘法指令

同样，根据除数和被除数的类型（符号数 / 无符号数），RISC-V 中定义了 4 条 32 位除法和余数指令，如图 3-25 所示。

31 25	24 20	19 15	14 12	11 7	6 0	
0000001	源寄存器2	源寄存器1	100	目标寄存器	0110011	DIV 符号数除法的商
0000001	源寄存器2	源寄存器1	101	目标寄存器	0110011	DIVU 无符号数除法的商
0000001	源寄存器2	源寄存器1	110	目标寄存器	0110011	REM 符号数除法的余数
0000001	源寄存器2	源寄存器1	111	目标寄存器	0110011	REMU 无符号数除法的余数

图3-25　除法和余数指令

RISC-V 舍弃了条件编码和状态标志位，而采用有条件跳转指令来帮助判断溢出等状态，除法指令也沿袭了这一设计思路。在 RISC-V 的除法中，无论被除数和除数的值是什么，都不会让硬件产生异常。不过，下面两种情况是需要特别判断的。

（1）除数为零。

在这种情况下，商应为 32 位全 1（32'hFFFFFFFF），而余数应等于被除数。

（2）符号数除法溢出。

这种情况只会发生在被除数为 -2^{31} 而除数为 -1 的情况。由于补码（Two's Complement）中正数和负数的不对称性，2^{31} 无法用 32 位符号数表示，导致溢出。在这种情况下，商应为 32'h80000000，而余数则为 0。

对 FPGA 实现来说，由于大部分的 FPGA 器件中都带有硬件乘法器，乘法指令可以直接用硬件乘法器来实现。而对除法和余数指令，既可以采用传统的移位相减的办法，又可以采用 SRT（Sweeney Robertson and Tocher）除法等实现快速除法。

3.5.2　压缩指令集扩展

为了提高代码密度，RISC-V 中引入了 16 位的压缩指令扩展（C Extension）。和 32 位指令集 RV32I 相比，C Extension 的引入可以将代码密度提高 40% 左右。

RISC-V 的 C Extension 对 32 位、64 位和 128 位的指令集都做了扩展，所以被统称为 RVC。本书将只讨论其中对 32 位指令集的扩展部分，即 RV32C，并且讨论也将集中于整数指令集部分。

1. C Extension 的格式

和许多 RISC 指令集不同，RISC-V 的 16 位压缩指令只是一个扩展（Extension），而不是一个独立的指令集。在 RV32C 中的每一条指令，实际上都可以被转化为一条完整的 32 位指令。RV32C 只是对部分 32 位指令的一种简写方式，从而将纯 32 位代码转化为 16 位和 32 位的混合方式。这样做的好处是处理器如果需要支持 C Extension，只需要修改指令取指器和指令解码器就可以了，大大简化了处理器的设计。

C Extension 中总共定义了 8 种指令格式，如图 3-26 所示。作为一种压缩指令扩展，C Extension 的指令格式中对立即数和寄存器都做了一些限制。

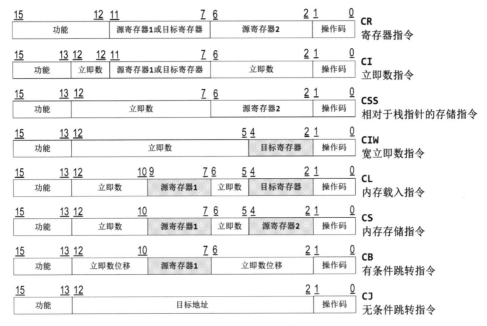

图3-26　C Extension指令格式

（1）立即数的位数被缩减。

（2）寄存器的寻址有 3 位和 5 位两种方式。对 3 位的寄存器寻址（图 3-26 中深色标记部分），其仅限于部分通用寄存器（x8 ～ x15，3'b000 对应 x8，3'b111 对应 x15）。由表 3-1 可以看到，x8 ～ x15 都是函数调用时必须用到的寄存器，临时寄存器没有被包含其中。

（3）如果指令同时涉及源寄存器和目标寄存器，则二者必须相等（如图 3-26 中所示的 CB 格式，尽管在图 3-26 中只标注了源寄存器，但是实际上在某些具体的指令中，也包含源寄存器和目标寄存器相同的情形，图 3-32 和表 3-12 中采用的是 CB 格式的 C.ANDI 指令）。

2. 16 位载入与存储压缩指令

C Extension 中定义了两种 LOAD 指令，如图 3-27 所示。一种是基于栈指针（x2）

的 C.LWSP 指令，另一种是基于寄存器的 C.LW 指令。它们对应的 32 位指令可以在表 3-7 中找到。

图3-27　C Extension中的LOAD指令

表 3-7　压缩 LOAD 指令对应的 32 位指令

16位压缩指令	对应的32位指令
C.LWSP	lw rd, offset[7:2](x2)　　(rd ≠ 0)
C.LW	lw rd', offset[6:2](rs1')

图 3-27 中的立即数（无符号数）都被左移 2 位，然后才被当作位移量。为此，图 3-27 中的立即数都做了一些位的重新安排，其原因和衍生出 B-TYPE 和 J-TYPE 的原因是一样的，都是为了减小处理器实现的硬件开销，此处不再赘述。

另外，图 3-27 中的 C.LW 指令，其寄存器只有 3 位表示。为了和 5 位的寄存器加以区分，在其名称后加了单引号（rs1' 与 rd'，而不是 rs1 与 rd）。

和 16 位载入压缩指令相类似，C Extension 中也分别基于栈指针（x2）和寄存器定义了两种存储指令，即 C.SWSP 和 C.SW。它们的定义如图 3-28 所示，对应的 32 位指令可以在表 3-8 中找到。由于 STORE 指令格式和前文的 LOAD 指令非常类似，这里就不再进一步展开。

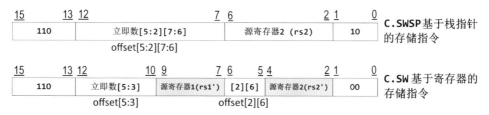

图3-28　C Extension中的STORE指令

表 3-8　压缩 STORE 指令对应的 32 位指令

16位压缩指令	对应的32位指令
C.SWSP	sw rs2, offset[7:2](x2)
C.SW	sw rs2', offset[6:2](rs1')

3. 16 位跳转压缩指令

C Extension 中定义了 4 条无条件跳转压缩指令，其定义如图 3-29 所示，它们对应的 32 位指令可以在表 3-9 中找到。在这 4 条指令中，C.J 和 C.JR 都不会保存返回地址（默认目标寄存器为零），而 C.JAL 和 C.JALR 则默认目标寄存器为 x1（ra）。同时，C.JAL 和 C.JALR 的返回地址是 PC+2，而不是之前 32 位指令中的 PC+4。

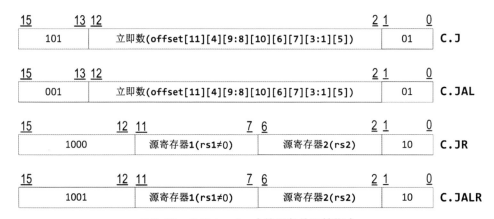

图3-29　C Extension中的无条件跳转指令

表 3-9　无条件跳转压缩指令对应的 32 位指令

16位压缩指令	对应的32位指令
C.J	jal x0, offset[11:1]
C.JAL	jal x1, offset[11:1]
C.JR	jalr x0, rs1, 0
C.JALR	jalr x1, rs1, 0

另外，C Extension 中还定义了 2 条有条件跳转压缩指令，其定义如图 3-30 所示，它们对应的 32 位指令可以在表 3-10 中找到。这两条指令都默认源寄存器 2 为 x0。

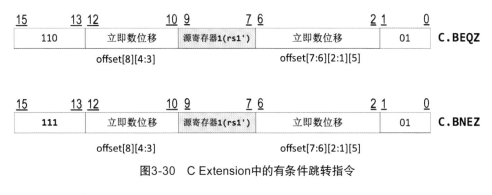

图3-30　C Extension中的有条件跳转指令

表 3-10　有条件跳转压缩指令对应的 32 位指令

16位压缩指令	对应的32位指令
C.BEQZ	beq rs1', x0, offset[8:1]
C.BNEZ	bne rs1', x0, offset[8:1]

4. 16 位整数计算压缩指令

C Extension 中制定了 2 条压缩指令，来生成整数常量（Integer Constant-Generation Instruction）。它们的定义如图 3-31 所示，它们对应的 32 位指令可以在表 3-11 中找到。其中，C.LI 指令中的立即数需要做符号扩展，而 C.LUI 中的立即数则是非零的无符号数。

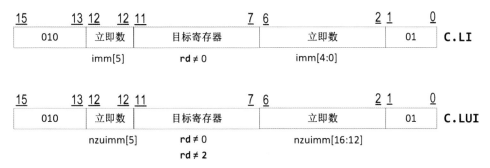

图3-31　C Extension中的常数生成指令

表 3-11　常数生成压缩指令对应的 32 位指令

16位压缩指令	对应的32位指令
C.LI	addi rd, x0, imm[5:0]　(rd ≠ 0)
C.LUI	lui rd, nzuimm[17:12]　(rd ≠ 0, rd ≠ 2)

另外，C Extension中还定义了2条立即数加法指令，3条立即数移位指令和1条立即数逻辑指令，其定义如图3-32所示。它们对应的32位指令可以在表3-12中找到，其中C.ADDI4SPN指令默认的源寄存器是x2（sp栈指针），以便基于栈指针的计算。

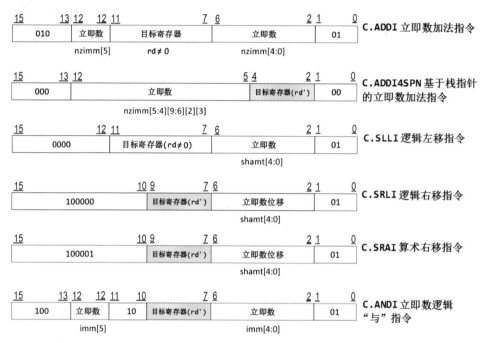

图3-32　C Extension中的寄存器-立即数指令

表 3-12　寄存器 - 立即数压缩指令对应的 32 位指令

16位压缩指令	对应的32位指令
C.ADDI	addi rd, rd, nzimm[5:0]　　(rd ≠ 0)
C.ADDI4SPN	addi rd', x2, nzuimm[9:2]
C.SLLI	slli rd, rd, shamt[4:0] (shamt[4:0] ≠ 0)
C.SRLI	srli rd', rd', shamt[4:0] (shamt[4:0] ≠ 0)
C.SRAI	srai rd', rd', shamt[4:0] (shamt[4:0] ≠ 0)
C.ANDI	andi rd', rd', imm[5:0]

同时，和立即数指令相对应，C Extension 中也定义了寄存器 - 寄存器操作的压缩指令，其定义如图 3-33 所示。它们对应的 32 位指令可以在表 3-13 中找到，其中的寄存器复制指令 C.MV 实际上是一条将源寄存器 1 默认为 x0 的加法指令。

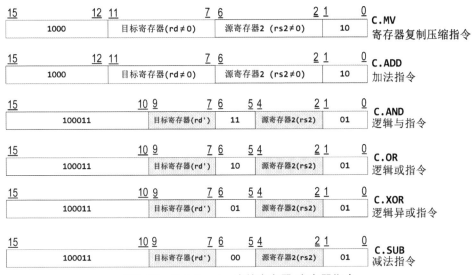

图3-33　C Extension中的寄存器-寄存器指令

表 3-13　寄存器 - 寄存器压缩指令对应的 32 位指令

16位压缩指令	对应的32位指令
C.MV	add rd, x0, rs2
C.ADD	add rd, rd, rs2
C.AND	and rd', rd', rs2'
C.OR	or rd', rd', rs2'
C.XOR	xor rd', rd', rs2'
C.SUB	sub rd', rd', rs2'

5. 其他的 16 位压缩指令 (Miscellaneous)

1）C.NOP，16 位空操作指令

和 32 位的空操作指令类似，C Extension 中也利用目标寄存器为零的加法指令来衍生出空操作指令，即 c.nop = c.addi x0，0 = addi x0，x0，0

2）16 位非法操作指令（Illegal Instruction）

和 32 位指令集不同的是，C Extension 专门将全零的编码定义为非法操作指令，以方便利用硬件异常来处理被零初始化的代码内存。

3）16 位软件断点指令（C.EBREAK）

C Extension 中也为 16 位压缩指令集定义了对应的软件断点指令，其机器代码为 16'h9002。

6. 函数调用的开场白和收场白

在讨论函数调用约定时，曾经提到通用寄存器 x5 既可以作为临时寄存器（t0），又可以作为替代链接寄存器（见表 3-1）。

之所以在 RISC-V 中引入 16 位压缩扩展指令集，其初衷就是为了降低代码量，提高代码密度。而在代码的每个函数调用的开始，往往都需要编写代码，将当前寄存器值保存到堆栈上。当函数返回时，也需要编写代码，将之前保存的寄存器值从堆栈恢复到寄存器。这两部分代码，分别称为开场白与收场白。由于函数的调用和返回在大部分代码中都会频繁出现，压缩指令集的设计者自然会希望将这部分代码的代码量降至最低。

由此，各种 RISC 指令集和处理器的设计者们给出了不同的解决方案。在加州大学伯克利分校设计的第一代 RISC 处理器（RISC I）和后来 SUN 公司的 SPARC 处理器当中，都采用了寄存器窗口的解决方案。但是寄存器窗口使得硬件开销变得非常大，而实际使用效果却并不理想，特别是当通用寄存器被耗尽时，其处理非常麻烦和缓慢，最终为后来的设计者所放弃。

后来的设计者如 ARM 公司，则在压缩指令集中引入了 Load-Multiple 和 Store-Multiple 指令。这些指令可以在一个指令周期内，将内存中多个地址连续的存储字载入多个寄存器，或反之将多个寄存器中的内容在一个指令周期内写入内存的连续地址。使用这些指令，自然可以极大降低开场白与收场白的代码量。根据 Andrew Waterman 在其博士论文中提供的统计数据，使用 Load-Multiple 和 Store-Multiple 以后，可以将 Linux 内核的代码量降低 8% 左右。

然而，RISC-V 的设计者再三斟酌后，决定忍痛割爱，不在 C Extension 中支持 Load-Multiple 与 Store-Multiple，其原因主要如下：

（1）在前文提到的所有 16 位压缩指令，都可以在 32 位指令集中找到对应的指令。也就是说，每一条16位压缩指令，都是其对应的32位指令的简写版。如果引入 Load-Multiple 与 Store-Multiple 指令，则会打破这一原则。

（2）在 3.3 节中提到，RISC-V 的设计目标之一就是希望指令集设计独立于具体的处理器实现。而引入 Load-Multiple 与 Store-Multiple，会在一定程度上束缚处理器设计者的手脚，有违 RISC-V 的设计初衷。

（3）对那些有 MMU（Memory Management Unit，内存管理单元）的处理器，会有虚拟地址（Virtual Address）和物理地址（Physical Address）两种不同的地址空间。程序在虚拟地址上运行，需要访问内存时，再通过 MMU 将虚拟地址转换为物理地址。这就导致在虚拟地址空间里连续的地址，转换为物理地址后可能不再连续。如果要在这种系统上实现 Load-Multiple 与 Store-Multiple，会大大增加硬件异常处理的难度。

因此，RISC-V 的设计者别出心裁，在借鉴了 IBM S/390 计算机毫码程序之后，提出了如下的方案：

（1）由于开场白和收场白的工作仅仅只是将数据在堆栈和寄存器之间移动的，这些工作完全可以用共享的代码来实现。开场白和收场白本身也可以用类似函数调用的方式来实现。

（2）然而，这种函数调用是一种特殊的函数调用，因为：

① 这种调用本身不再需要开场白和收场白。

② 由于原先普通函数调用的返回地址需要使用 x1（ra）来存放，调用开场白和收场白时则不能再使用 x1（ra），而需要在函数调用约定中另外再分配一个寄存器。这个寄存器就是 x5（t0/ 替代链接寄存器）。

（3）在软件实现时，可以做如下操作：

① 把原先的开场白代码，用 jal t0, shared_prologue 代替，以调用共享的开场白代码，并将返回地址存入 x5（t0）。

② 在共享的开场白代码中，用一连串的 c.swsp 指令将需要保存的寄存器值（其中也包括 x1（ra））推入堆栈中，最后用 c.jr t0 指令返回。

③ 把原先的收场白代码，用 jal x0, shared_epilogue 代替。

④ 在共享的收场白代码中，用一连串的 c.lwsp 指令，将之前保存在堆栈上的寄存器值恢复到对应的寄存器中（其中也包括 x1（ra）），最后用 c.jr ra 结束整个函数调用。

根据 Andrew Waterman 提供的统计数据，使用以上类似毫码程序的方案以后，可以将 Linux 内核的代码量降低 7.5% 左右，其表现基本上和之前提到的 Load-Multiple/Store-Multiple 方案相当，但是却避免了 Load-Multiple/Store-Multiple 方案带来的缺点。

3.6　RISC-V特权架构

如前所述，RISC-V 的设计者将其官方标准分成了两部分：用户指令集与特权架构，其目的是希望不同特权架构的处理器可以在 ABI 互相兼容。换句话说，支持同一用户指令集的处理器可以根据实际需求而在特权架构的设计上采取不同的策略。

本书将在后文介绍的软核处理器属于 MCU（Microcontroller Unit，微处理器单元）的范畴，本章将会重点讨论以下的内容：

- 特权层级，特别是机器模式（Machine Mode, M-Mode）。

- 控制状态寄存器。

- 机器层级指令集。

- 异常和中断。

- 调试。

3.6.1 特权层级

RISC-V 处理器中的软件代码都是在硬件线程上运行的。为了加强对操作系统和信息安全的支持，RISC-V 替 HART 定义了 3 种工作模式（见图 3-34）：机器模式、超级用户模式（Supervisor Mode，S-Mode）和普通用户模式（User Mode，U-Mode）。每种模式分别对应一个特权层级（Privilege Levels）。其中机器模式的特权层级最高，而普通用户模式的特权层级最低。在高特权层级运行的代码比在低特权层级的代码拥有更多的权限，受到的约束也比低特权层级的代码要少。

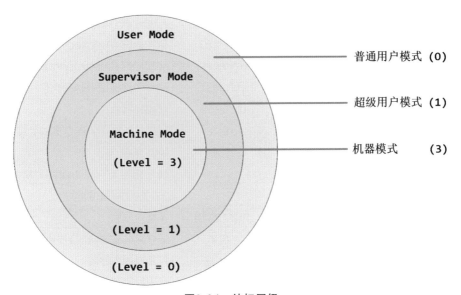

图3-34　特权层级

在处理器设计时，机器模式是强迫要求实现的。其他的两个模式，处理器设计者则可以选择性地加以实现。一般来说，小规模的嵌入式系统只需要机器模式就可以了，而对信息安全有特殊要求的系统，则可能需要机器模式加普通用户模式。运行类似 UNIX 这样大型操作系统的处理器，则需要实现以上所有的模式。

UNIX 和信息安全不在本书的讨论范围之内，本书的剩余部分将会集中于机器模式的讨论。

3.6.2 控制状态寄存器

RISC-V 在特权架构部分单独定义了一个控制状态寄存器的地址空间，并分配了 12 位地址来做索引。在这 12 位地址当中，最高的两位 [11:10] 被用来指示寄存器的读写权限。如果这两位是 2'b11 的话，则表示该寄存器是只读寄存器；否则，该寄存器既可以被读取，又可以被写入。地址位 [9:8] 表示有权访问该寄存器的最低特权层级。对要讨论的机器模式 CSR，这两位都是 2'b11。在表 3-14 中列出了本书会涉及的所有 CSR 寄存器。

表 3-14　本书所涉及的 CSR 寄存器列表

地　址	读写权限	特权层级	寄存器名称	寄存器描述
0xF11	只读	机器模式	mvendorid	厂商标识 (Vendor ID)
0xF12	只读	机器模式	marchid	架构标识 (Architecture ID)
0xF13	只读	机器模式	mimpid	实现标识 (Implementation ID)
0xF14	只读	机器模式	mhartid	硬件线程标识 (HART ID)
0x300	读写	机器模式	mstatus	状态寄存器
0x301	读写	机器模式	misa	处理器所支持的指令集与扩展
0x304	读写	机器模式	mie	中断允许
0x305	读写	机器模式	mtvec	异常相量寄存器，保存异常发生时的向量基准地址
0x340	读写	机器模式	mscratch	草稿寄存器
0x341	读写	机器模式	mepc	保存异常发生时的程序寄存器值
0x342	读写	机器模式	mcause	异常原因寄存器
0x343	读写	机器模式	mtval	参见后文有关异常处理的章节
0x344	读写	机器模式	mip	待定的中断（参见后文有关中断的章节）
0xB00	读写	机器模式	mcycle	机器周期计数器（低 32 位）
0xB02	读写	机器模式	minstret	机器指令计数器（低 32 位）
0xB80	读写	机器模式	mcycleh	机器周期计数器（高 32 位）
0xB82	读写	机器模式	minstreth	机器指令计数器（高 32 位）

表 3-14 看起来有点长，但这只是众多 CSR 寄存器中的一小部分。读者如果想了解 RISC-V 完整的 CSR 寄存器列表，则可以查找 RISC-V 的官方标准。本章就对表 3-14 中的寄存器做仔细讨论。

1. mvendorid 寄存器

为了对不同厂商设计生产的 RISC-V 处理器加以区分，RISC-V 在其特权架构标准部分制定了 mvendorid 寄存器，用来存储厂商标识代码。对 RV32 来说，这是一个 32 位的只读寄存器，它的取值实际上是衍生于 JEDEC 厂商标识代码。

JEDEC 是联合电子设备工程委员会（Joint Electron Device Engineering Council）的英文缩写，目前的名称为 JEDEC 固态技术协会（Solid State Technology Association）。它是一个在 1958 年成立的行业协会组织，其总部位于美国弗吉尼亚州。所有的电子产品生产厂商都可以向 JEDEC 付费申请得到一个 JEDEC 的厂商标识代码（即 JEDEC 厂商标识代码）。

JEDEC 的厂商标识代码分为两部分：第一部分是 Bank 域（Bank Field）；第二部分是只有一字节的 Offset 域（Offset Field）。对于这个 8 位的 Offset 域，其最高位是奇数校验码，其余 7 位对应 Bank 域里面的厂商标识。如果 Bank 域的值是 n，Offset 域的值是 m，那么其对应的完整的 JEDEC 厂商标识代码应该是将 0x7F 重复 $n-1$ 遍，然后再在后面接上 m。

例如 JEDEC 给美国 PulseRain Technology 公司分配厂商标识的文件中有如下文字：

the following JEDEC Manufacturer ID number has been assigned to your company：

94 decimal（bank 11）

0101 1110 binary

5E hex

由此，$n=11$，$m=0x5E$ 其完整的 JEDEC 厂商标识代码就是：

0x7F-0x7F-0x7F-0x7F-0x7F-0x7F-0x7F-0x7F-0x7F-0x7F-0x5E

由于 JEDEC 提供的厂商标识远超出了 32 位寄存器可以表示的范围，RISC-V 在特权架构标准中定义了一个方法，用来在 JEDEC 厂商标识代码的基础上衍生出一个 32 位的数值，然后固化于 mvendorid 寄存器中。根据 JEDEC 提供的 n 与 m 数值，RISC-V32 位厂商标识代码可以用如下公式产生：

$$\text{Vendor ID}=((n-1)<<7)+(m\&0x7F) \tag{3-1}$$

根据上文 $n=11$，$m = 0x5E$，可以得出 PulseRain Technology 的 RISC-V 厂商标识代码为 0x55E。

2. marchid（体系架构标识代码）

根据 RISC-V 官方标准，marchid 在 RV32 下是一个 32 位的只读寄存器，用来存放 HART 所对应的体系架构的标识代码。对于开源的架构来说，这个寄存器的值由 RISC-V 基金会负责在全球分配，其最高位必须是 0。对于商业公司所研发的架构来说，其值由具体的商业公司来分配，但是其最高位必须为 1，其余的位不能全为零。这样，如果将该寄存器和 mvendorid 寄存器一起使用，则可以唯一地标识 HART 的体系架构。

如果处理器设计者选择不支持这个寄存器，则应该返回零值。

3. mimpid（实现标识代码）

根据 RISC-V 官方标准，mimpid 寄存器在 RV32 下也是一个 32 位的只读寄存器，其主要的目的是标明处理器的版本号。该寄存器的格式完全由处理器设计者自行决定，如果处理器设计者选择不支持该寄存器，则应该返回零值。

4. mhartid（硬件线程标识）

在 RISC-V 的术语中，每个处理器核可以包含有多个硬件线程，称作 HART（Hardware Thread）。每个 HART 都有自己的程序计数器和寄存器空间，独立顺序运行指令。mhartid 寄存器用来给这些 HART 编号索引。在多处理器系统中，HART 的编号无须连续，但是必须至少有一个 HART 必须被编号为零。

5. misa（指令集寄存器）

由于 RISC-V 指令集标准涵盖多种字长（32 位 /64 位 /128 位），并包含多种指令集扩展（如 16 位压缩指令集扩展 C，乘除法扩展 M 等）。misa 寄存器的目的是为了向软件告知处理器具体支持的字长和扩展，以方便软件的可移植性。本寄存器各位完整的定义可以在 RISC-V 官方标准中找到。对于只支持单个 HART 和机器模式的 RV32 处理器来说，如表 3-15 所示的这些位值得关注。

表 3-15　指令集寄存器

位　索　引	注　　　释
[31:30]	MXL（Machine XLEN，字长）（X Register Length，XLEN） 对 RV32 来说，这两位应该被置为 2'b01
[12]	M（乘除法扩展支持）
[8]	I（基础整数指令集支持） 该位总是为 1
[4]	E（RV32E 嵌入式指令集支持）
[3]	C（16 位压缩指令集支持）

6. mstatus（硬件线程状态寄存器）

mstatus 寄存器用来标识和控制 HART 的操作状态，其各位完整的定义可以在 RISC-V 官方标准中找到。对于只支持单个 HART 和机器模式的处理器来说，需要注意表 3-16 中的两个位。

表 3-16　硬件线程状态寄存器

位　索　引	注　　　释
[7]	mpie（machine previous interrupt enable，全局中断使能保持 / 恢复） 当中断或异常发生时，该位会记录下当前 mie 的值。当用 MRET 从中断或异常中返回时，该位的值将被复制到 mie 中
[3]	mie（machine interrupt enable，全局中断使能） 当该位为零时，外部中断和时钟中断都将被禁止

7. mscratch（草稿寄存器）

在 RV32 下，这是一个 32 位的读写寄存器。除了被用来作为 CSR 寄存器操作的读写测试以外，它还可以被操作系统作为暂存空间。

8. 与中断和异常有关的 CSR 寄存器

RISC-V 中还定义了多个 CSR 寄存器用来处理中断与异常，其中与机器模式相关的部分主要如下：

- mtvec（machine trap vector base-address register，机器模式异常向量基地址寄存器）。

- mip（machine interrupt register, pending interrupt，机器模式中断等待寄存器）。

- mie（machine interrupt register, interrupt enable，机器模式中断使能寄存器）。

- mcause（machine cause register，机器模式异常原因寄存器）。

- mepc（machine exception program counter，机器模式异常 PC 寄存器）。

- mtval（machine trap value register，机器模式异常值寄存器）。

9. 计数器

作为一种硬件性能监测的手段，RISC-V 在其特权架构部分定义了一系列计数器，用来记录从某一时间点开始后处理器已运行的时钟周期数和已执行的指令数。具体来说，其主要包括如下的 CSR 寄存器。

1）mcycle 与 mcycleh

RISC-V 中为机器模式定义了一个 64 位的 cycle 寄存器，用来记录机器已经运行的时钟周期数。这个寄存器的低 32 位和高 32 位分别存放在 mcycle 和 mcycleh 中。

对 RV32 来说，由于无法一次性地将 mcycle 和 mcycleh 同时读取出来，为了保证 64 位数据的完整性，需要在寄存器的读取方式上做一些处理。一种解法是要求软件总是先读取 mcycle，紧接着再读取 mcycleh。软件读取 mcycle 时，硬件同时将当时的 mcycleh 值保存下来，并在下次读取时提供该值。而另外一种解法则如代码 3-1 所示（参见 RISC-V 官方标准，将 cycle 寄存器的值读入到 x3：x2 中）。

代码3-1　64位cycle寄存器的读取

```
again:
    rdcycleh x3
    rdcycle  x2
    rdcycleh x4
    bne x3, x4, again
```

2）minstret 与 minstreth

RISC-V 还为机器模式定义了一个 64 位的 instret 寄存器，用来记录机器已经完成的指令数（The Number of Instructions Retired）。该寄存器的低 32 位和高 32 位被分别存放在 minstret 与 minstreth 中。

同 cycle 寄存器一样，当在 RV32 中读取该该寄存器时，也会面临保持 64 位数据完整性的问题。其解法也与上述读取 cycle 寄存器的解法相同。

3.6.3　定时器

RISC-V 在设计时也对 RTC（Real Time Clock，实时时钟）的实现做了考虑。实际上，要在真正意义上实现一个实时时钟，需要以下几部分的硬件支持：

（1）需要一个时钟定时器（Timer），运行在固定的频率。

（2）需要能有办法获取时间基准，以用来计算实时时间（Wall Clock）。简单地说，就是要能有办法获取当前精确的日期与时间。在桌面系统中，这个时间基准可以通过网络从专门的时间服务器获取。在许多嵌入式系统里，这个时间基准可以通过 GPS 获取。

（3）需要有办法能保持时钟定时器的不间断运行。这意味着 RTC 需要有自己的电源域，这样即使处理器的其他部分进入深度休眠状态，RTC 可以依然保持运行。而且 RTC 的电源域一般还需要有替代电源，如电池等。

为此，RISC-V 在其特权架构部分为机器模式定义了两个 64 位的寄存器：mtime 与 mtimecmp。同时，为了方便 RTC 的独立运行，减小实现 RTC 的硬件开销，

让多个 HART 能共享 RTC，RISC-V 中将这两个寄存器定义为内存映射寄存器（见图 3-4），以映射到内存空间中（而不是像 mcycle 这样定义为 CSR）。而这两个 64 位寄存器在内存空间中的地址，则由具体的实现决定，RISC-V 标准中并没有对它们的地址做硬性规定。

1. mtime 寄存器

mtime 是时钟定时器。一般来说，它应该以比较精确的石英晶体振荡器为时钟源，并以固定的频率做计数。然而，这个固定的频率具体是多少，RISC-V 中并没有作出明确规定。许多系统将该频率设置为 32.768 kHz，因为 32.768 kHz 的晶振非常容易获得，而且 32.768 kHz 频率较低，适合做休眠时钟。另外，32 768 又是 2 的整数次幂，很容易由 32.768 kHz 产生周期为 1s 的时钟。

> 提示：笔者在 RV32 的设计实践中发现，如果 mtime 的运行频率不能被处理器的主时钟频率整除的话，则可能会给软件，特别是嵌入式操作系统的运行带来额外的开销。因为操作系统在做任务调度时，需要对时间片有精确的计算。如果处理器的主时钟频率不是 mtime 运行频率的整数倍（如 mtime 运行于 32.768 kHz，而处理器主时钟频率为 100 MHz），则操作系统可能需要做非常复杂的 64 位除法运算。出于性能的考虑，这时操作系统往往要求处理器能支持硬件乘除法扩展（即支持 M Extension）。而对同样的嵌入式操作系统，如果处理器的主时钟频率是 mtime 运行频率的整数倍（如 mtime 运行于 1 MHz，而处理器主时钟频率为 100 MHz），则处理器只要支持基础整数指令集即可。

2. mtimecmp 寄存器

mtimecmp 的主要作用便是将其与 mtime 的值做比较。当 mtime 的值大于或等于 mtimecmp 时，便可触发产生时钟中断。

由于 mtimecmp 是一个 64 位的寄存器，在 RV32 系统中至少需要两条写指令才能完成对其的更新。而部分更新的 mtimecmp 寄存器值可能会误触发产生时钟中断。对此，通常的处理方法有两种：

（1）在更新 mtimecmp 之前禁止时钟中断（Disable Timer Interrupt）。在 mtimecmp 更新完毕后再重置并允许时钟中断。

（2）采用 RISC-V 官方标准中建议的汇编代码序列（代码 3-2）。

假设需要写入 mtimecmp 的低 32 位存放于寄存器 a0 中，而高 32 位存放于寄存器 a1 中，如代码 3-2 所示。

代码3-2　mtimecmp的写入

```
li  t0, -1             # 将0xFFFFFFFF写入寄存器t0
sw  t0, mtimecmp       # 将mtimecmp的低32位置为0xFFFFFFFF
sw  a1, mtimecmp + 4   # 设置mtimecmp的高32位
sw  a0, mtimecmp       # 设置mtimecmp的低32位
```

注意：上面的汇编代码需要被完整并严格地顺序执行。编译器的优化，中断服务程序（Interrupt Service Routine，ISR）的插入，或者高端处理器的乱序执行都可能对上面代码的正确性产生影响。

3.6.4　中断与异常

1. 中断与异常的比较

我们知道，软件并不总是按照其原先计划好的步骤运行，在多数情况下，软件在执行过程中总会发生一些意外，使得处理器不得不暂停现有的软件执行步骤，转而去做其他的额外处理。这种意外事件主要分为两种情况。

（1）这种意外事件是由软件执行本身引发的。常见的情形包括：

- 软件在执行过程中访问了一个不存在的 CSR 寄存器。

- 软件在访问内存时没有按照字长对齐。

- 遭遇断点或者操作系统调用。

这种由软件本身引起的意外事件通常被称作异常（许多处理器会将被零除也作为一种异常，不过 RISC-V 的除法指令是不会产生异常的）。

（2）这种意外事件是由独立于软件运行的外部事件引发的。

这种由外部事件导致的意外通常被称作中断。在单个 HART 的机器模式下，中断主要来源于两个地方：

① 定时器中断。

② 来自处理器核外部的中断，主要由外围设备产生。

在实际的硬件处理中，中断和异常的处理非常相近。

2. RISC-V 的中断控制器结构

在中小规模的嵌入式系统中，一般都会对中断信号的电气特性做直接处理。具体地说，中断信号的电气特性一般有两种：电平触发（Level Trigger）和边沿触发（Edge Trigger），而且一般以电平触发居多。对于多个中断源的情况，可以简单地将它们线或（Wired-OR）在一起，作为共享中断，如图 3-35 所示。对于中断延迟要求比较高的情形，也可以用专门的中断向量控制器（Vectored Interrupt Controller，VIC）来处理，如图 3-36 所示。

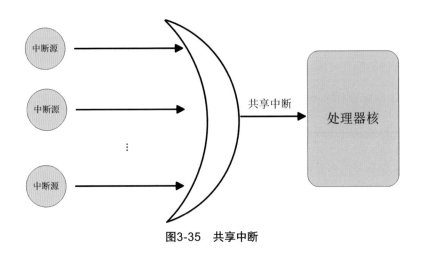

图3-35 共享中断

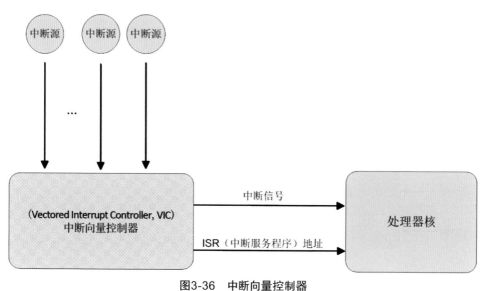

图3-36　中断向量控制器

在共享中断的情况下，处理器核在收到中断信号后，需要在中断处理程序中逐个查询外围设备，以确定中断源，因此其中断相应的延迟较大，其优点是硬件设计比较简单。对于像中断优先级、中断嵌套等问题，则大多都交由软件来处理。

为了减小中断延迟，许多中高端的嵌入式处理器都会在处理器核之外放置一个中断向量控制器，如图 3-36 所示。中断向量控制器在向处理器核提供中断信号的同时，还会提供与中断源相对应的 ISR（Interrupt Service Routine，中断服务程序）的入口地址。这些 ISR 的地址便组成了中断向量表（Interrupt Vector Table，IVT）。同时，中断向量控制器一般还会支持中断优先级、中断屏蔽等设置。与共享中断相比，中断向量控制器的硬件开销较大，但是软件处理则相对简单直接。

以上说的这两种方式都称为带外中断，其中断信号和数据是分开独立的。然而，随着系统规模的日益增大和高速串行数据传输的不断发展，点对点的拓扑结构变得流行起来。PCI-Express 总线便是其典型代表之一，它采用的中断机制被称为消息告知中断（Message Signaled Interrupt，MSI），这是一种带内中断的中断机制。在这种中断方式下，设备通过向某个指定的地址写入特殊的消息来发送中断信号。而外围设备也通过交换矩阵（Switch）和处理器核相连。MSI 中断机制的优点是其可扩展性比较好，缺点是其软硬件都比较复杂。

这种 MSI 中断机制和交换矩阵的思路显然也影响了 RISC-V 的设计者。在 RISC-V 标准中，对 RISC-V 的外部中断控制定义为 PLIC（Platform-Level Interrupt Controller，平台级中断控制器），其结构如图 3-37 所示。

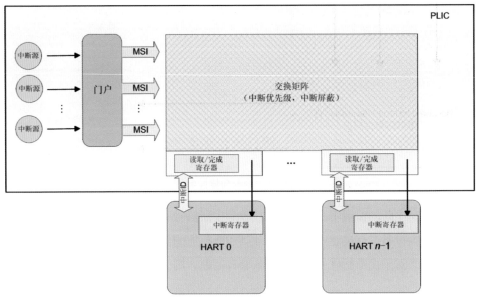

图3-37　PLIC的结构

从图 3-37 可以看出，PLIC 的设计考虑到了多个 HART 的情况。图 3-37 中门户的作用主要是将中断源来的中断电气信号转换为 MSI，然后交由交换矩阵来处理。交换矩阵可以被软件配置，以对中断优先级和中断屏蔽等做出设定。门户的另外一个作用是当来自某个中断源的中断正在被处理时，阻止接收同一中断源的后续中断。

对某个 HART 来说，如果中断发生，交换矩阵会通知 HART，而这种通知的方式可以有多种实现方式。对于复杂的系统，这种通知本身就可以是 MSI；对于相对简单的系统，这种通知可以是简单的硬连线，直接连接到 HART 内部中断寄存器的等待中断位上。

HART 在收到来自交换矩阵的中断通知后，需要读取对应的读取 / 完成寄存器来确定中断源。读取 / 完成寄存器是一个内存映射寄存器，当其被读取时，会返回中断源的 ID（Indentifier）。同时，读取寄存器的动作也会被 PLIC 认定为对中断的读取，从而修正 PLIC 中中断等待的状态。

当 HART 结束对中断的处理后，需要将刚才处理完成的中断源 ID 再写入读取 / 完成寄存器。PLIC 在收到这个写入动作后，会修改门户的状态，以允许接收对应中断源的后续中断。

注意：这里要提醒读者注意的是，PLIC 只包括对外部中断的处理。为方便 RTC 的实现，RISC-V 标准中还专门定义了时钟定时器。而时钟定时器的中断属于局部中断（Local Interrupt），其在 HART 中有专门的寄存器位对应。其他的局部中断还包括软件中断和处理器设计者的自定义局部中断。这些 Local Interrupt 会在后文讨论中断相关的寄存器时做详细讨论。在 SiFive 公司的 Freedom E31 处理器中，将这些同局部中断相关的寄存器（时钟定时器寄存器、软件中断寄存器等）统称为核局部中断寄存器（Core Local Interruptor，CLINT）。所以对 HART 来说，其完整的中断拓扑结构如图 3-38 所示。

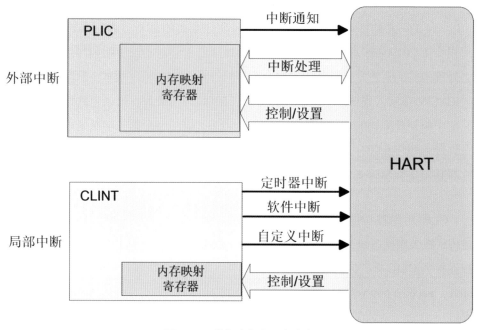

图3-38　外部中断和局部中断

这里笔者想借此机会对 PLIC/CLINT 的设计发表一些个人见解，供读者参考：

（1）RISC-V 的设计者对大规模的多处理器系统做了很多考量。从图 3-37 可以看出，RISC-V 的外部中断控制器有很好的可扩展性。然而，对于单个 HART 的仅支持机器模式的处理器核来说，这种结构显得比较复杂。同时和图 3-36 相比，这种结构并不是纯粹的中断向量控制器结构。软件依然需要通过读取内存映射寄存器来确定中断源，而不是由硬件支持的中断向量表来直接调用 ISR。所以 PLIC 依然会有比较大的中断延迟。

（2）在图 3-38 的架构下，如果需要进一步减少中断延迟，则可以通过 CLINT 中的自定义局部中断来实现。然而，在讨论相关的 CSR 寄存器时可以发现，RISC-V 对自定义局部中断的向量化处理并没有很完整的定义，向量编码可扩展的空间也非常有限，从而给 VIC 的实现造成了障碍。这就导致在目前的架构下，RISC-V 处理器的设计者不得不做一些额外的非标准设计来适应对中断延迟有严格要求的场合。

（3）在本书撰写之际，RISC-V 基金会发布的最新官方标准包括用户指令集 20190608 版和特权架构 20190608 版。上述对外部中断和局部中断的处理架构的讨论，都是基于这两个官方标准和之前的较早版本。然而，随着 RISC-V 在嵌入式系统中的应用和普及，RISC-V 的设计者可能也意识到了目前中断处理架构的不足。所以 SiFive 公司又提议了一个新的中断处理的架构标准，叫作 CLIC（Core-Local Interrupt Controller，核局部中断控制器），并将其用在了 SiFive 公司的 E20 处理器上。CLIC 的结构如图 3-39 所示。

CLIC 可以被看作是 PLIC 和 CLINT 的合并与简化。图 3-39 的外部中断主要是用来在大规模系统与更高层级的 PLIC 相连的。实际上大部分的外设都可以直接被连接到 CLIC 上。同时 CLIC 架构标准中还定义了一些新的 CSR 寄存器，例如 mtvt（machine trap vector table，机器模式异常向量表）等，用来加强对中断向量的支持。

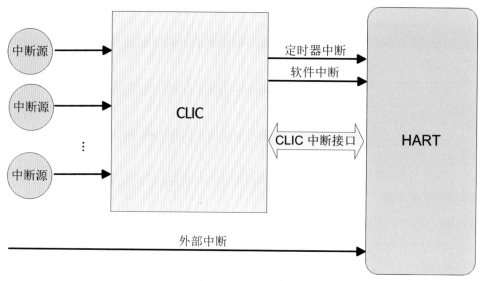

图3-39 CLIC结构图

> **提示**：在本书撰写之际，CLIC 架构标准还只是处在提议和草稿阶段。由于其目前还不是 RISC-V 的官方标准，本书在后续章节将不会对其再做进一步的深入讨论。有兴趣的读者可以在 GitHub 上找到更多的相关内容。

3. RISC-V 中断和异常的触发

在 RISC-V 中，对中断和异常的处理方式非常相近。二者一般都可以被称作异常情况。对于单个 HART 的机器模式，当异常情况发生时，硬件一般要经历以下的处理步骤：

（1）确定中断是否被屏蔽。

对于单个 HART 的机器模式，下面两个 CSR 寄存器会影响中断的屏蔽。

① mstatus 寄存器中的 mie 位（见表 3-16），这是全局的中断使能位。但是该位不会屏蔽异常处理。

② mie（machine interrupt register，interrupt enable，机器模式中断使能寄存器）寄存器中的相关位。在 RV32 下，mie 寄存器是一个 32 位的可读写寄存器，其与机器模式相关的位如表 3-17 所示。

基于 FPGA 与 RISC-V 的嵌入式系统设计

表 3-17　mie 寄存器的位定义

位　索　引	注　　释
3	机器模式软件中断使能 (msie)
7	机器模式定时器中断使能 (mtie)
11	机器模式外部中断使能 (meie)
[31:12]	供用户自定义扩展

这里对 RISC-V 特权架构中定义的软件中断做一下讨论。在 RISC-V 中，机器模式软件中断的主要目的是提供一种手段，用来在多 HART 系统中中断其他的 HART。为此，处理器的设计者需要在 CLINT 部分提供一个内存映射寄存器（或寄存器位），称为 msip（machine software interrupt pending，机器模式软件中断等待寄存器）。对 msip 的写操作会触发软件中断。

（2）确定异常情况发生的原因。

当中断或异常发生时，处理器需要正确填写 CSR 寄存器 mcause 中的相关内容。对于 RV32 来说，机器模式异常原因寄存器 mcause 是一个 32 位的可读写寄存器（这意味着软件也可以修改其内容）。mcause 的 MSB，即位 31 被用来标识这个异常情况是中断还是异常。如果是中断，则该位应该被置为 1；如果是异常，则该位应被置为 0。mcause 剩下的位被用来作为异常编码。虽然在标准中称其为异常编码，但其也包括中断的情况（在中断情况下，异常编码实际上是中断源编号）。在目前的标准中，只用到了其中的低 4 位。对于单个 HART 的机器模式，如果异常情况是中断，则相关中断源编号如表 3-18 所示。如果异常情况是异常，则对应的异常种类编码如表 3-19 所示（细心的读者也许会发现，表 3-17 与表 3-18 的位定义是一样的）。

表 3-18　mcause 的中断源编号

异常编码	中断源编号
3	机器模式软件中断
7	机器模式定时器中断
11	机器模式外部中断

表 3-19　mcause 的异常种类编号

异常编码	异常种类
0	指令地址没有对齐
1	取指失败
2	非法指令
3	断点
4	内存数据读取地址没有对齐
5	内存数据读取失败
6	内存数据写入地址没有对齐
7	内存数据写入失败
11	机器模式下的环境调用

（3）确定异常情况发生的地址。

对于机器模式，RISC-V 在其特权架构标准中定义了 mepc（machine exception program counter，机器模式异常程序计数器）寄存器，用来存放异常情况发生时的程序计数器的值。对于异常来说，当前触发异常的指令的 PC 值是一个重要参数，所以 mepc = PC。而对中断来说，mepc 值则会被中断处理程序末尾的 MRET（M-Return）指令用来作为中断返回地址。所以，mepc 需要存放下一条指令的地址。

（4）确定与异常情况相关的参数。

为了帮助异常情况的处理，RISC-V 还在其特权架构标准的机器模式中定义了 mtval 寄存器，以提供与异常情况相关的参数。在 RV32 下，mtval 是一个 32 位的可读写寄存器。当内存访问出现异常时，对应的内存读写地址应该被保存在这个寄存器里。

（5）改变 PC 值，调用中断 / 异常处理程序，并设置相应的中断比特状态位。

对于机器模式，RISC-V 在其特权架构标准中定义了 mtvec 寄存器，用来确定异常情况处理程序的地址，在 RV32 下，这是一个 32 位的可读写寄存器。其中的低两位用来确定中断模式，其余高 30 位被用来作为基地址（BASE）。中断模式的定义如表 3-20 所示。

表 3-20　mtvec 的中断模式定义

中断模式	中断方式描述
0	直接模式。在该模式下，新的 PC 值被直接设置为 mtvec 中的基地址值。即 PC = BASE
1	向量模式。在该模式下，新的 PC 值被设置为 PC = BASE + 4 × Exception_Code 这里的异常编码即为 mcause 寄存器中的异常编码，如表 3-18 和表 3-19 所示
2，3	保留供未来扩展

由于 mcause 中的异常编码目前只有 4 位，其大部分已被占用，而 RISC-V 官方标准中也没有定义专门的 CSR 来支持中断向量表（Interrupt Vetor Table，IVT），所以表 3-20 中的向量模式并不能很好地对来自外设的中断进行类似 VIC 这样的向量化支持。目前还在草案和提议阶段的 CLIC 标准将改变这一状况，在目前的 CLIC 标准提议草案中，已经对表 3-20 中的模式 2 与模式 3 做了扩充。

为对应中断的情况，硬件还需要将 mip 寄存器中的相应位设置为等待。mip 寄存器中的位定义如表 3-21 所示。很显然，表 3-21 中的位定义与表 3-17 中的位定义是一一对应的。

表 3-21　mip 寄存器的位定义

位　索　引	注　　释
3	机器模式软件中断状态位 (MSIP)
7	机器模式定时器中断状态位 (MTIP)
11	机器模式外部中断状态位 (MEIP)
[31 : 12]	供用户自定义扩展

4. RISC-V 中断和异常的返回

在机器模式下，当异常情况处理程序完成所有操作后，需要调用 MRET（M-Return，机器返回指令）指令返回。MRET 指令的定义如图 3-40 所示。当处理器遇到 MRET 指令时，应将 PC 值置为 mepc 寄存器中的值，这样指令从之前被异常情况打断的地方继续执行。

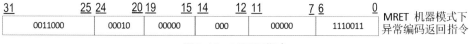

图3-40　MRET指令

5. WFI（中断等待指令，Wait for Interrupt）

为了给操作系统多提供一个调度的方法，RISC-V 在其特权架构标准中还定义了中断等待指令，如图 3-41 所示，当处理器遇到该指令时，则进入停顿状态，直到中断的发生。

图3-41　WFI指令

当中断发生时，处理器会设置 mepc = PC + 4（即 WFI 之后的那条指令的地址）。在机器模式下，当中断处理结束，MRET 返回时，则会将 PC 设置为 mepc 的值，从而使得处理器会执行 WFI 之后的那条指令。

6. 环境调用与断点

为了给操作系统和软件调试提供更多调度和中断的方式，RISC-V 标准中还定义了环境调用指令 ECALL（Environment Call）和断点指令 EBREAK（Environment Breakpoint），它们的定义如图 3-23 所示。当处理器遇到 ECALL 或 EBREAK 指令时，都会产生异常。其中 ECALL 在机器模式下的异常编码是 11，而 EBREAK 的异常编码是 3（参见表 3-19）。

RISC-V 的特权架构标准中特别强调，当遇到 ECALL 和 EBREAK 指令时，应该将 mepc 寄存器（此处仅讨论机器模式）的值设置为当前指令的地址，而不是下一条指令的地址。细心的读者也许会问："如果是这样，当异常处理结束时，调用 MRET 指令时，岂不是又回到了原来的 ECALL/EBREAK 指令，陷入重复执行的死循环？"对此，笔者就以 GDB 中的软件断点的操作为例来具体解释。

相信许多读者都对 GDB（GNU Debugger）不陌生。当我们需要在 GDB 中设置软件断点时，一般的做法是在 GDB 命令行中键入"break 断点地址"。当处理器执行到该断点地址时，软件中断被触发后，我们可以检查寄存器的值或读取内存

中的内容，然后用 continue（继续执行）命令来继续程序的执行。在这些调试操作的背后，GDB 到底做了些什么？

如图 3-42 所示，当在 GDB 命令行中键入"break 断点地址"后，调试器会将内存对应内存地址中的指令换作 EBREAK 指令。

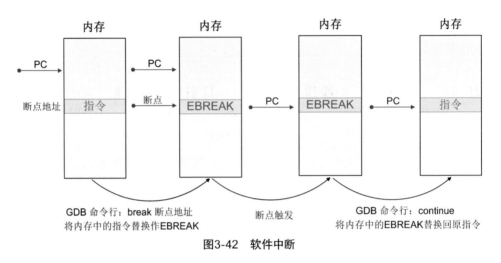

图3-42　软件中断

随后，当处理器运行到对应的断点地址时，会触发 EBREAK 断点异常，进入调试器事先准备好的断点异常处理程序中。在这里，用户可以查看寄存器和内存中的内容，以帮助调试。

当用户完成寄存器和内存内容查看后，可以在 GDB 命令行中键入"continue"以继续运行程序。但是在继续运行之前，GDB 会将内存中的 EBREAK 再替换回原先的指令，以避免调试器可能带来的副作用。这就是为什么 mepc 应该被设置为断点地址，而不是指向断点地址之后的那条指令。

3.6.5　程序的调试

提到了断点和 GDB，在 RISC-V 已经发布的官方标准中，除了用户指令集与特权架构外，还包括了一个"外部调试器支持"标准（External Debugger Support）。

> **提示**：不过与前两者不同的是，笔者始终无法找到外部调试器支持标准在 1.0 以上的版本。在本书被撰写之际，该标准的最新官方版本是 0.13.2。鉴于这种情况，本书对调试器仅做一般性的讨论，且仅限于嵌入式系统的程序调试。

对于嵌入式系统来说，调试器主要有两种实现方式。

1. 软件方式：ROM Monitor（只读存储器监视器）/GDB Stub（存根）

如图 3-43 所示，在这种软件实现的调试器下，调试软件（例如 GDB、GNU Debugger）运行在主机电脑上，而目标系统中会首先运行一个叫 ROM Monitor 的程序。对于 GDB 的情况，这个 ROM Monitor 也被称作 GDB Stub。GDB Stub 会通过网络或者串行口接收用户通过 GDB 发来的调试指令，将被调试的应用程序从主机载入到目标系统中，并设置软件断点等。当应用程序运行并触发了软件断点后，处理器的控制又回到 GDB Stub 手中，然后由用户做进一步调试。GDB Stub 支持的常用功能包括应用软件的载入、软件断点的设置、寄存器和内存的读取等。

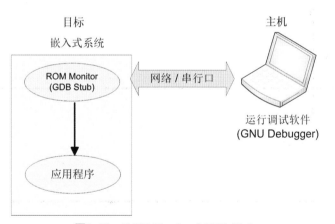

图3-43　ROM Monitor / GDB Stub

对于这种用 ROM Monitor/GDB Stub 来实现调试器的方法，其优点是不需要额外的硬件支持，其硬件开销比较小。但是其缺点是：

（1）其支持的功能比较有限。

（2）由于 GDB Stub 需要占用一定的内存，并与应用程序共存于系统中，

其调试的方式有侵入性。这种 ROM Monitor / GDB Stub 的方式对裸金属系统还能胜任，而对于比较复杂的嵌入式操作系统则会显得力不从心，甚至还会发生资源冲突。

2. 硬件方式：JTAG（Joint Fest Action Group，联合测试工作组）

这也是 RISC-V 和其他的嵌入式处理器所采取的方式。这种方法除了需要处理器本身的硬件支持外，还需要借助一个外部的调试控制器（见图 3-44）或调试适配器（见图 3-45）。和前一种方式相比，这种调试方式很大程度上增加了硬件的开销，而且其功能和稳定性也大为提高。

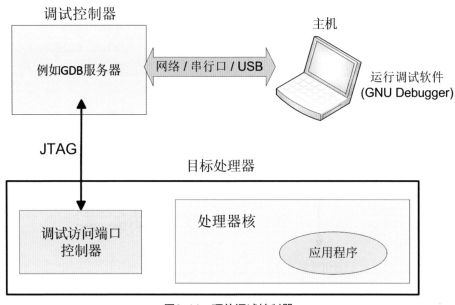

图3-44　硬件调试控制器

在这种调试方式下，处理器一般需要支持 JTAG 接口。同时，在主机上运行的 GDB 不再直接与处理器交换信息。取而代之的是，GDB 会同另外一个叫作 GDB 服务器的软件进行对话。GDB 服务器可以运行在主机之外的外部硬件上（见图 3-44），此时这个外部硬件被称作调试控制器。当然，GDB 服务器也可以和 GDB 运行在同一台主机上，而用一个相对简单的外部硬件来收发 JTAG 信号。此时这个外部硬件被称作调试适配器。

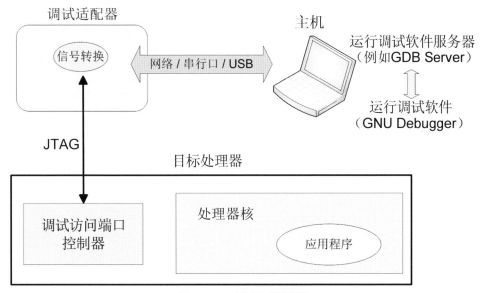

图3-45　硬件调试适配器

不论是调试控制器还是调试适配器，整个调试系统的本质都是通过 GDB 服务器将 GDB 的命令转换为相应的 JTAG 操作，并通过独立于处理器的外部硬件来实现这些 JTAG 操作。在实践中，许多 RISC-V 处理器都会采用 Open OCD（Open On-Chip Debugger，开源片上调试器）作为调试软件，而 Open OCD 实际上起到了 GDB 服务器的作用。

第 ④ 章

设计基于 RISC-V 指令集的 Soft CPU

口言之，身必行之。

《墨子·公孟》

4.1 2018 RISC-V Soft CPU Contest 获奖作品：PulseRain Reindeer

> **说明**：在英语中有句俚语 "If you're going to talk the talk, you've got to walk the walk."。本章将讲解一个由笔者主持设计的 RISC-V RV32IM MCU Core，以展示如何在 FPGA 中实现 RISC-V 软核处理器。

这个 RISC-V 软核处理器名叫 PulseRain Reindeer，其源自于美国 PulseRain Technology 公司内部产品线的一个简化版本。在 2018 年由 RISC-V 官方组织的 RISC-V Soft CPU 竞赛中，该软核处理器位列季军（https://riscv.org/2018/10/risc-v-contest）。在本书创作之际，笔者有幸能与国内的小脚丫团队合作，将软核处理器做了进一步的改进与提升，并顺利移植到了小脚丫综合实验平台上。读者可以从 PulseRain Technology 在 GitHub 的官方账号上找到其完整的源代码，这些源代码会在本书的代码资源中提供，其文件名是 Reindeer_Step-1.1.2.zip。

PulseRain Reindeer 的处理器核心采用 Verilog 2001 编写，其余的外设等部分采用 System Verilog 编写，并部分引用了 PulseRain Technology 的 PulseRain RTL 库。这个处理器在开发过程中遵循了本书提出的 FARM 开发模式，在设计之初就对软件的配套做了考量，并在软硬件设计上做了安排。由此，当在 FPGA 中加入 PulseRain Reindeer 软核后，与本书配套的小脚丫综合实验平台就可以作为第三方开发板，直接整合到 Arduino IDE 集成开发环境中。与此对应的 Arduino 支持包（板级支持包），也已经在 GitHub 上公开发布。在本书的代码资源中，其对应的文件名是 Arduino_RISCV_IDE-master.zip。

PulseRain Reindeer 软核还有非常好的通用性和可移植性。除了在 Intel 等主流的 FPGA 架构使用，该软核也在一些高性价比的 FPGA 新架构（例如 EFINIX 公司的 Quantum 架构 FPGA）上得到了成功的移植和验证。在 EFINIX Trion T20/C4 FPGA 上，该软核可以达到超过 110 MHz 的时钟主频。对此感兴趣的读者，可以在 PulseRain Technology 的官方 GitHub 上找到与此相关的移植代码。在 Arduino 支持包里，也已经有了对 EFINIX Trion T20 开发板的支持。

笔者将会结合 FPGA 的器件特点，对 PulseRain Reindeer 的内核设计进行详细讨论。

4.2 适合于FPGA的设计目标

正如在讨论 FPGA 时提到的 AT^2 定律一样，数字设计在很多时候是在"鱼"与"熊掌"之间寻找一个合适的平衡点。在设计之初，有必要明确定义设计所追求的目标，特别是要在多个互相冲突的设计指标之间作出取舍。

就基于 FPGA 的 RISC-V 软核处理器来说，笔者认为其设计重点应该集中在以下几方面：

（1）软核处理器应该以 MCU（Microcontroller）设计为主。

在讨论"数字逻辑与处理器各自适用的领域"（2.15 节）时曾经提到，所有的任务都可以被归为两类：控制密集型和处理（计算）密集型。FPGA 含有大量的数字逻辑资源，比处理器更适合于处理（计算）密集型的任务。但是对控制密集型的工作，普通的数字逻辑却往往力不从心，而在 FPGA 中嵌入软核 MCU，则可以很好地弥补这一缺点（见图 2-33）。

（2）软核处理器应该能达到比较高的主时钟频率。

由于控制密集型的任务和处理（计算）密集型的任务不可避免地会有交互，如果嵌入 FPGA 中的软核 MCU 能和其他的电路工作在同一频率下，则可以避免时钟域跨越，并简化数据交换的方式。

对处理器设计来说，除了时钟主频以外，还有一个重要的指标就是 CPI（Clocks Per Instruction，指令的平均周期数）。追求高主频，在某种程度上会对 CPI 造成负面影响。这是因为高主频往往意味着更长的流水线设计。当

跳转预测失败时，往往需要清空流水线（Flush the Pipeline），并重新取指，长流水线在此时会需要更多的时钟周期来重新装载。

在 FPGA 中嵌入软核处理器的主要目的是为了做控制，而不是处理，即该软核处理器并不需要追求非常强大的计算能力和计算效率。因此，和时钟主频相比，CPI 在这里可以看作一个次要的设计指标。

（3）软核处理器应该尽量降低对 FPGA 资源的消耗。

根据 AT^2 定律，这个设计指标在某种程度上是与"追求高主频"相冲突的。随着 FPGA 器件容量的不断提升，笔者倾向于把该指标的优先级放在"追求高主频"之后。

有一点要指出的是，FPGA 的资源除了逻辑资源以外，还包括片上内存。而由于软核处理器需要存储程序和数据，会消耗比较多的内存，而片上内存往往是 FPGA 的紧缺资源。以与本书配套的小脚丫综合实验平台为例，其采用的 FPGA（Intel Cyclone 10 LP 10CL016YU256C8G）包含多达 15 000 个逻辑单元，其片上内存却只有 56 KB。如果需要在软核处理器运行嵌入式操作系统，则这些内存会显得捉襟见肘。

为了节约宝贵的 FPGA 片上内存，可以有两种解决方法：

① 在软核处理器中支持 C Extension，以提高代码密度。

根据 Andrew Waterman 的博士论文，C Extension 可以将代码密度提高约40%。但其代价是处理器的设计变得复杂，并占用更多的逻辑资源。考虑到 FPGA 的其余部分也需要消耗片上内存，这种方法所能带来的改变非常有限。

② 在软核处理器中支持片外内存的访问。

由于 DRAM 的存储密度要比 SRAM（Synchronous Dynamic Random Access Memory，同步动态随机存取存储器）高出许多，如果 FPGA 中的软核处理器能访问片外的 DRAM，则可以将大部分的片上内存用于除了软核处理器之外的其他功能。这个方法的代价就是需要额外的逻辑资源来实现 DRAM 控制器。

考虑到大部分的软核 MCU 的时钟主频都低于 200 MHz，一个比较实用的方案就是在 FPGA 之外放置一个 SDRAM（常用的规格有 PC-100、PC-133 等）。和 DDR 相比，SDRAM 的控制器相对比较简单，其逻辑开销也较小，而且很多 FPGA 厂商都会提供现成的 IP。与本书配套的小脚丫综合实验平台便采用了这一方案，在 FPGA 之外配置了 8 MB 的 SDRAM，用来作为 PulseRain Reindeer 的代码和数据内存。

（4）软核处理器应采用（冯·诺依曼架构）。

从处理器内存架构的角度来说，目前主要有两种选择：冯·诺依曼架构（von Neumann Architecture）与哈佛架构（Harvard Architecture）。

如图 4-1 所示，冯·诺依曼架构的核心思想是"存储程序"。在冯·诺依曼架构下，程序代码和数据被不加区分地存放在同一个物理内存中。其优点是由于只有一条内存总线，控制相对简单，内存控制器的开销比较小；其缺点是这条唯一的内存总线会成为提升系统性能的瓶颈。

图4-1　冯·诺依曼架构

而哈佛架构则将程序代码和数据在物理内存中分开存储。如图 4-2 所示，在哈佛架构中有两条内存总线，分别用来访问代码内存与数据内存。这种架构的优点是指令取指和数据读写有各自的专用总线，在物理内存中不会发生冲突，有利于系统性能特别是 CPI（Clock Per Instruction，执行某个程序的指令平均时钟周期数）的提升，其缺点是内存控制器的开销较大。特别是由于代码内存和数据内存在物理内存中分为两块，缺乏总体调度的灵活性，给内存使用效率和软件开发带来负面影响。

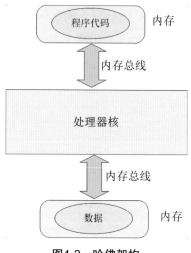

图4-2　哈佛架构

在 FPGA 中嵌入软核处理器的主要目的是为了完成控制任务，而不是要追求非常强大的计算能力和计算效率，因此哈佛结构所带来的 CPI 性能提升只是一个次要的设计指标。而同时，如果软核处理器采用 FPGA 片上内存来存储程序代码和数据，则哈佛架构这种双内存设计会让有限的片上内存变得更加左支右绌；如果采用片外内存，则只支持单总线结构。

由此，笔者建议该软核处理器应采用冯·诺依曼架构，而不是哈佛架构。

（5）软核处理器应该要方便软件的开发设计。

与 FARM 开发模式相呼应，软核处理器中还带有一些额外的功能模块，以方便软件的开发设计，特别是对于 Arduino IDE 集成开发环境的支持。

4.3　PulseRain Reindeer的设计策略

基于以上对设计目标的讨论，PulseRain Reindeer 处理器采用了如下的设计策略。

1. 采用了2×2的流水线设计，内存布局采用冯·诺依曼架构

为了追求较高的时钟主频，PulseRain Reindeer 处理器中包含有 4 级流水线。

- 取指（Instruction Fetch）。

- 指令译码（Instruction Decode）。

- 指令执行（Execution）。

- 数据访问（Data Access）包括寄存器的更新与内存的读写。

与普通的 4 级流水不同的是，PulseRain Reindeer 对这 4 个流水线阶段采用了 2×2 的布局，如图 4-3 所示。在这种布局下，在双数时钟周期下，只有"取指"和"指令执行"这两个阶段是活跃的。而在单数时钟周期，只有"指令译码"和"数据访问"这两个阶段是活跃的。

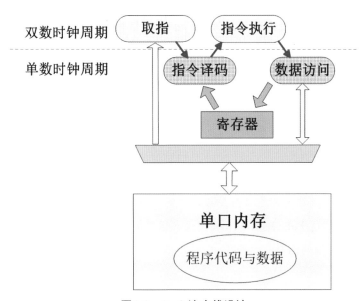

图4-3 2×2 流水线设计

采取这种布局主要是出于以下考虑：

（1）FPGA 的内部结构不同于普通的数字芯片。在 FPGA 中，寄存器并不是最稀缺的资源，而减少大块的组合逻辑则往往是降低走线资源消耗、提高时钟频率的关键。PulseRain Reindeer 采用多级流水线结构便是出于此目的。

（2）而采用2×2的流水线布局，则以牺牲 CPI 为代价，减小对逻辑资源的消耗。同时，在这种布局中，指令取指和内存数据访问被安排在不同的时钟周期，从而避免了冯·诺依曼架构的单内存总线带来的内存访问难题。

（3）作为比较，PulseRain Reindeer 在初始设计阶段也曾经考虑过两级流水，以简化控制，并提高 CPI。通过将设计原型在 Intel Cyclone 10 C8 级别上的布线测试后发现，这种两级流水设计的时钟主频在 70 MHz 左右就发生了时序收敛的困难，而 4 级流水则可以在同样的 FPGA 器件上运行超过 100 MHz 的时钟频率。

2. 支持 FPGA 片上内存与片外内存的混合使用

与访问 FPGA 片上内存不同的是，片外内存往往都有比较大的访问延迟。当片上内存与片外内存混合使用时，情况就变得比较复杂。在内存控制单元和流水线的设计上，PulseRain Reindeer 为此做了调校，以支持片上内存与片外内存的混合使用。

> **说明**：在与本书配套的小脚丫综合实验平台上，PulseRain Reindeer 可以被灵活配置，以同时支持片上内存与片外的 SDRAM 访问。由于大容量片外内存的存在，使得 PulseRain Reindeer 无须再支持 C Extension，从而减少了对 FPGA 逻辑资源的消耗。

3. 支持基于硬件的引导加载程序（加载器）

在本书开头，提到了 FARM 开发模式，其中谈到了对 Arduino IDE 集成开发环境的支持。这里只想提及一下其中的程序 Image 下载部分，这个问题实际上并非 Arduino 独有，而是一般性的问题。

传统的下载办法（实际上也是 Arduino 采用的办法），便是在处理器上预先运行一个称为 Bootloader 的软件，通过这个软件同主机上的上传工具通信，来下载程序 Image，如图 4-4 所示（实际上图 4-4 可以看作是图 3-43 的简化版）。

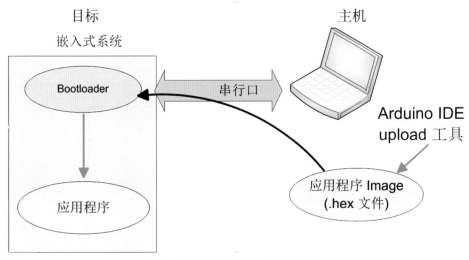

图4-4　传统程序Image下载方式

图 4-4 这种方法的缺点是需要在上电以后将 Bootloader 载入到处理器的内存中。一般的做法是将 Bootloader 放入 ROM，并映射到处理器的地址空间中。对于 FPGA 的软核处理器，则可以将 Bootloader 代码直接作为比特流的一部分，用来初始化片上内存。但是这种做法除了要占用相当可观的片上内存外，还存在可移植性的问题，并非所有厂商的 FPGA 都会支持将内存初始化数据存放于比特流中。

为了更好地支持 FARM 开发模式，PulseRain Reindeer 除了软核处理器本身，还为之配套设计了一个基于硬件的引导加载程序（Hardware Based Bootloader）。如图 4-5 所示，这个基于硬件的 Bootloader 会与处理器核共享同一个串口，并且它还会与处理器核中的内存控制器协调工作，以将程序 Image 载入 FPGA 片上内存或片外内存中。和传统的下载方法相比，这种基于硬件的 Bootloader 不需要任何 ROM 来存储代码，并且它本身可以被用来复位和启动处理器核，以及提供复位后的初始地址，从而比传统方法更稳定与灵活，在不同 FPGA 器件之间的可移植性也比较好。

与之相对应的是（见图 4-6），Arduino IDE 在主控端会运行一个 Python 脚本（reindeer_config.py）作为上传工具。这个 Python 脚本还可以独立于 Arduino IDE 单独运行。对 elf 文件，这个 Python 脚本会调用工具链，将 elf 文件中的相关部分截取出来，并通过基于硬件的引导加载程序载入到内存中。

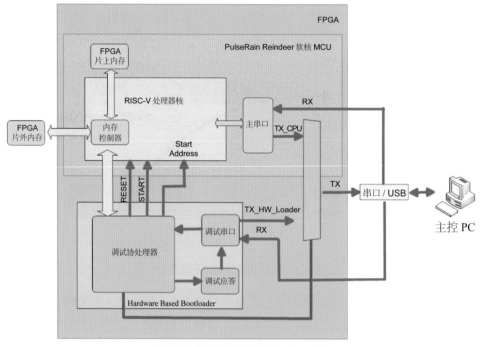

图4-5　基于硬件的引导加载程序

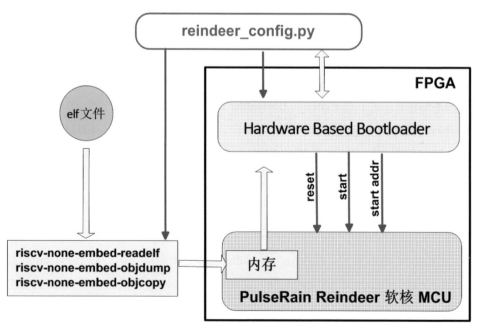

图4-6　用Python Script载入软件

4.4　PulseRain Reindeer的RTL设计

4.4.1　与 FPGA 平台相关部分

从软核 MCU 移植性的角度来说，可以将整个 FPGA 划分为两部分：①与 FPGA 平台相关部分；②独立于 FPGA 平台部分。

对于具有 PulseRain Reindeer 软核 MCU 的 FPGA 来说，整个 FPGA 的顶层架构如图 4-7 所示。将 PulseRain Reindeer 软核 MCU 移植到不同的 FPGA 平台上时，需要对应的平台提供以下模块。

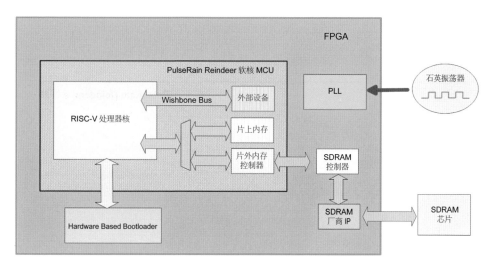

图4-7　FPGA顶层架构

1. PLL（Phase Locked Loop，锁相环）

PLL 一般由 FPGA 片外的石英振荡器提供时钟参考。在有些 FPGA 平台上，时钟参考也可以由片上的 RC 振荡器来提供。

2. SDRAM 厂商 IP

如果 PulseRain Reindeer 被设置成需要使用 FPGA 片外 SDRAM，则需要使用 FPGA 厂商提供的 SDRAM IP（对于 SDRAM，网上也可以找到一些开源的 IP）。

3. FPGA 片上内存

对于不同的 FPGA 平台，其片上内存的配置方式会略有不同。例如在 Intel 公司提供的 FPGA 中，就有 M9K（每块内存 9 Kb），M10K（每块内存 10 Kb），M20K（每块内存 20 Kb）等多种不同的片上内存种类。在目前的 PulseRain Reindeer 的 RTL 代码中，对片上内存采用了由综合软件根据代码推断（Infer）的方式。如果这种 Infer 的方式不能被厂商的 FPGA 综合软件完全认可，则需要根据 FPGA 厂商的指引加以重新配置。

4.4.2 独立于 FPGA 平台部分

在图 4-7 中左下角的 Hardware Based Bootloader 已经在图 4-5 中有详细描述，此处不再赘述。而图 4-7 中的 PulseRain Reindeer 软核 MCU 则在很大程度上与具体的 FPGA 平台无关，其内部细节如图 4-8 所示。

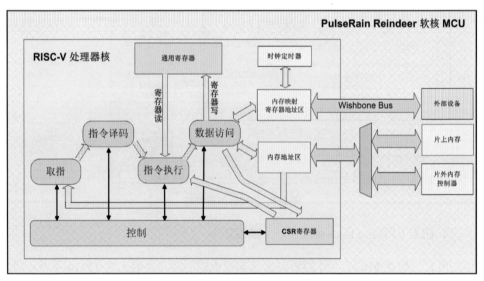

图4-8　PulseRain Reindeer 软核MCU

从图 4-8 可以看出，PulseRain Reindeer 软核 MCU 主要由三部分组成。

1. 外围设备

在 PulseRain Reindeer 软核 MCU 中，外围设备通过 Wishbone 总线和处理器核

相连。根据具体应用的不同，这些外围设备可以被灵活地定制化，这也是 FPGA 相对于普通数字芯片的优势之一。

一般常用的外围设备有：

- 串行口 UART（Universal Asynchronous Receiver/Transmitter）。

- I^2C 总线接口。

- SPI 接口。

- GPIO（General Purpose Input Output）。

- PWM（Pulse Width Modulation）。

- PS2。

- MicroSD。

- 旋转编码器（Rotary Encoder）。

2. 内存接口

PulseRain Reindeer 采用了冯·诺依曼架构，将程序代码和数据不加区分地存放于内存中。而对 FPGA 来说，内存又分为片上内存（Block RAM）和片外内存。片外内存控制器则需要通过一个在 MCU 之外的中间模块（例如图 4-7 中的 SDRAM 控制器）和具体的内存 IP 做数据交换。在与本书配套的小脚丫综合实验平台上采用了 SDRAM 作为片外内存，具体的做法将在后续章节讨论实验平台时做详细描述。

3. RISC-V 处理器核

处理器核部分包括通用寄存器、CSR 寄存器、内存地址分配、流水线的数据通路和控制等。

4.4.3　通用寄存器的设计

在 RISC-V 用户指令集标准（User-Level ISA）中提到，RV32 定义了 32 个 32

位的通用寄存器（其中 x0 恒为零值）。在 FPGA 中，如果直接用触发器来实现这些通用寄存器，则需要 32×32=1 024 个触发器。对于小脚丫平台上的 Intel Cyclone 10 LP（10CL016YU256C8G）FPGA，则根据图 2-1 中的逻辑单元结构，至少需要消耗相同数量的逻辑单元才能实现所有的通用寄存器（大约占该 FPGA 总逻辑容量的 7%）。

同时，通过观察 RISC-V 指令格式，可以发现许多 RISC-V 指令都包含两个源寄存器（标记为 rs1 和 rs2），即在同一指令中，需要读取两个通用寄存器。如果用触发器来实现通用寄存器，则同时还需要两个 32∶1 的多路复用器，每个多路复用器的数据宽度都是 32 位。

综合以上考虑，PulseRain Reindeer 中采用了两块简单双口 Block RAM 来实现通用寄存器，如图 4-9 所示。

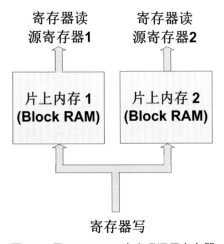

图4-9　用Block RAM来实现通用寄存器

在图 4-9 中，当寄存器被写入时，同样的数据会被同时写入这两块 Block RAM 中。而在寄存器读取时，这两块 Block RAM 分别对应源寄存器 1 与 2。

在图 4-8 所示的 4 个流水线阶段中，寄存器的读地址在"取指"阶段就可以确定。而寄存器的写地址和写数据会在"数据访问"阶段被确定。因为 PulseRain Reindeer 采用的 2×2 流水线设计，"取指"和"数据访问"发生在不同的时钟周期，所以不会产生由于对内存同时读写而造成的数据模糊（但是由于数据相关性而引起的流水线阶段之间的转发问题依然会发生）。

　　Block RAM 的输出驱动能力一般都弱于触发器，如果让这些 Block RAM 的输出直接参与很多组合逻辑，则会对时序收敛产生负面影响。同时，Block RAM 会有一个时钟周期的读延迟。如果在"取指"阶段给出寄存器读地址，则数据会在"指令译码"阶段变得有效，而这些寄存器读数据会在"指令执行"阶段被用到。采用 2×2 的流水线布局后，可以在"指令执行"阶段将 Block RAM 的输出寄存后再操作，无须再做太多的数据相关性处理。Block RAM 的输出驱动能力弱，将 Block RAM 的输出寄存后再操作则有利于提高时钟主频。

4.4.4　CSR 寄存器的实现

　　表 3-14 所列出的 CSR 寄存器在 PulseRain Reindeer 中都得到了实现。与通用寄存器的数据读操作不同的是，对 CSR 这类控制寄存器的额外读操作可能会产生不必要的副作用，因此 CSR 寄存器的读地址和读使能要在"指令译码"阶段才能确定。CSR 寄存器都是用触发器实现的，不存在 Block RAM 这样的读延迟，所以读数据依然可以及时在"指令执行"阶段得到使用。

　　当中断或异常发生时，流水线会被暂停，而某些 CSR 寄存器，如 mtvec、mepc、mtval、mcause 等会在此时被读取或更新。

4.4.5　时钟定时器的实现

　　由图 4-8 可以看出，PulseRain Reindeer 的地址空间主要被分为两部分：代码 / 数据内存和内存映射寄存器。内存映射寄存器主要被用来作为外围设备寄存器的地址空间映射。理论上时钟定时器也是一种外围设备，然而，考虑到 RISC-V 标准对时钟定时器已经做了明确的定义，所以在 PulseRain Reindeer 中直接将其包含在了处理器核当中。

　　在介绍时钟定时器的 mtime 寄存器时曾经提到，时钟定时器应该运行在固定的计数频率，并建议处理器主频能被该计数频率所整除（3.6.3 节）。所以在 PulseRain Reindeer 中，将该计数频率设置为了 1 MHz，即时钟定时器的分辨率为 1μs。

4.4.6 流水线的设计

1. 取指器

PulseRain Reindeer 是一个 RV32IM 处理器。通过对外部大容量 DRAM 内存的支持，PulseRain Reindeer 避免了压缩指令集（C Extension）的实现。由于只需要支持 32 位的读取，取指器也不用考虑太多指令地址边界对齐的问题。

FPGA 片上内存一般只有一个时钟周期的读延迟，而外部内存的读延迟则往往要大得多。通过对指令读地址的判断，内存控制器可以很快地确定是否需要读延迟，从而设立相应的握手信号来反馈给取指器，以实现 FPGA 片上内存和片外内存的混合使用。

由图 3-5 可以看出，如果指令需要读取通用寄存器，则源寄存器 1 的地址总是在位 [19:15]，而源寄存器 2 的地址总是在位 [24:20]。考虑到对通用寄存器的读取不会有其他作用，不论指令的类型是什么，PulseRain Reindeer 都会以这两个位置上的数值为地址，对通用寄存器进行读取。

2. 指令译码器

从图 3-5 还可以看出，指令位 [6:0] 是操作码。而根据图 3-2，在 RV32IM 下，位 [1:0] 总是 3，所以在 PulseRain Reindeer 中只需要对位 [6:2] 译码便可确定指令操作类型，并产生相应的控制信号。这些控制信号会在接下来的指令执行器中被用到。

3. 指令执行器

指令执行器需要执行以下的几类指令：

- ALU（Arithmetic Logic Unit，算术逻辑单元）。

如图 4-10 所示，算术逻辑指令包括"加""减""移位""与""或""异或"等。在参与算术逻辑的两个操作数中（图 4-10 中的寄存器 X 与 Y），操作数 X 总是来自于通用寄存器，而操作数 Y 则可以来自通用寄存器或者指令自带的立即数。对 ALU 的操作选择和数据源选择都来自于指令译码器产生的控制信号。

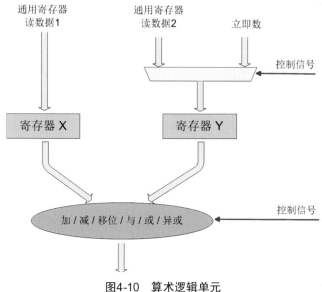

通用寄存器读数据1　通用寄存器读数据2　立即数

控制信号

寄存器 X　　寄存器 Y

加 / 减 / 移位 / 与 / 或 / 异或

控制信号

图4-10　算术逻辑单元

- 乘除法（M Extension）。

PulseRain Reindeer 支持 RV32IM 指令集。其中 M Extension（硬件乘除法）可以被选择性地配置。

- 无条件跳转指令（JAL / JALR）。

对于无条件跳转，其后一条指令的地址需要被存入目标寄存器中。

- LUI / AUIPC（Load Upper Immediate / Add Upper Immediate to PC）。

这两条立即地址构建指令（见图 3-10）的结果也会被写入目标寄存器。

以上这些指令都会更新目标寄存器，其具体的写入值如表 4-1 所示。

表 4-1　目标寄存器的写入值

指　　令	目标寄存器写入值
算术逻辑操作	算术逻辑单元 (Arithmetic Logic Unit, ALU) 的输出
乘除法操作	乘除法结果
无条件跳转	PC + 4
LUI	高 20 位立即数左移 12 位
AUIPC	高 20 位立即数左移 12 位后加 PC

除了以上这些指令外，执行器还需要对下面的这些指令做出处理：

● CSR 操作指令。

指令执行器与 CSR 寄存器有专用总线相连，以做数据更新。

● BRANCH 指令，ECALL / EBREAK，LOAD / STORE。

这些指令无须更新目标寄存器，会产生相应的内部控制标记，供流水线控制器做参考。

4. 数据访问

在数据访问阶段，通用寄存器会被更新，由 LOAD / STORE 指令产生的内存访问也会在这个阶段产生。由于 2×2 的流水线布局，"内存访问"阶段和"取指"阶段被安排在了不同的时钟周期，以尽量降低内存访问冲突发生的可能性。

5. 流水线控制

流水线控制的主要目的就是对跳转指令和异常 / 中断的处理，如图 4-11 所示。因为流水线控制比较烦琐和复杂，所以图 4-11 只列出了其中的主要部分。

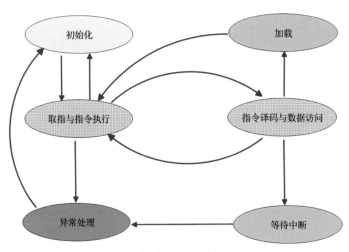

图4-11　流水线控制的主要状态

对于 2×2 的流水线布局，取指与指令执行状态和指令译码与数据访问状态分别对应于图 4-3 提到的双数时钟周期（"取指"与"指令执行"）和单数时钟周期

（"指令译码"与"数据访问"）。其中跳转指令则会将流水线控制转入初始化状态，以重新加载流水线。

而异常 / 中断的处理则需要一个额外的异常处理状态，以根据异常 / 中断的具体类别，设置异常编码（见表 3-18 与表 3-19），并确定异常 / 中断处理的返回地址（即 mepc 寄存器）。

4.5 处理器验证的方式

4.5.1 黑盒（Black Box）测试与白盒（White Box）测试

作为软件运行的最终平台，处理器的准确性是至关重要的。对此，RISC-V 官方在 GitHub 上公布了一套 RISC-V 指令集的标准测试程序，以作为处理器兼容性和正确性认证的标准。

在本书撰写之际，RISC-V 的合规测试在 RV32I 下共有 55 个标准测试程序，而在 M Extension 下则有 8 个测试程序。

对于 RISC-V 合规测试中包含的这些测试程序，其做法都是采用 Signature 检测验证法，即测试程序在运行过程中会向内存中写入某些标记。在程序运行结束后，再将内存中的这些数据读取出来，并与标准结果做比对。这个方法不对处理器运行的中间状态做监测，可以看作是一种黑盒验证法。

然而，在商用开发中，这种黑盒验证法还不充分。实际上，当黑盒测试失败时，确定出问题的具体位置是一件非常困难的事情，在许多商用处理器的开发中，往往采用白盒验证法。其具体做法如下：

（1）在处理器硬件开发之前，先用软件开发一个处理器的模拟器，用来确定处理器的行为模式。

（2）将测试程序作为这个模拟器的输入，在其上运行，并产生测试向量。测试向量包含处理器在每个时钟周期下应有的内部状态，如程序计数器（PC）

的值、取指器提供的指令、所有通用寄存器的值、内存读写的地址与数据等。

（3）将同样的程序作为处理器 RTL 仿真的输入，将仿真所得到的处理器内部状态与测试向量做比较。

（4）修改 RTL 设计，直至仿真通过所有的测试向量为止。

PulseRain Reindeer 对这两种验证方法都有采用。在后边会介绍用 Verilator 进行黑盒法验证，以及用 Modelsim 进行白盒法验证。

4.5.2　用 Verilator 做处理器内核的黑盒验证

Verilator 是一款非常出色的开源仿真软件。和其他商用仿真软件不同的是，Verilator 会将 Verilog 文件编译成 C++ 语言，然后再用 C++ 编译器编译并执行。与之相对应的是，Verilator 中的测试平台也可以用 C++ 编写。C++ 具有作为高级编程语言的强大功能，使得这种用 C++ 编写的测试平台可以直接与 RISC-V 的工具链相交互，对处理器的自动化仿真非常有帮助。

然而和商用仿真软件相比，Verilator 存在其固有的缺点。Verilator 缺点如下。

- 只支持 Verilog，对 System Verilog 的支持不完整。

- 对模块内部信号的检测还没有足够的支持。

- 以命令行为主，对波形的显示非常不方便。

由此，PulseRain Reindeer 仅将 Verilator 用作处理器内核的黑盒法验证，来运行回归测试。

Verilator 仿真如图 4-12 所示，对于 RISC-V 提供的测试程序，PulseRain Reindeer 的 Verilator 测试平台采用了和图 4-6 非常类似的结构，并且用 C++ 代替了图 4-6 中的 Python Script 和 Hardware Based Bootloader。这样，PulseRain Reindeer 的 Verilator 测试平台可以直接将测试程序（elf 文件）载入到内存中进行仿真，还可以在仿真结束后再读取内存并作 Signature 的比对。

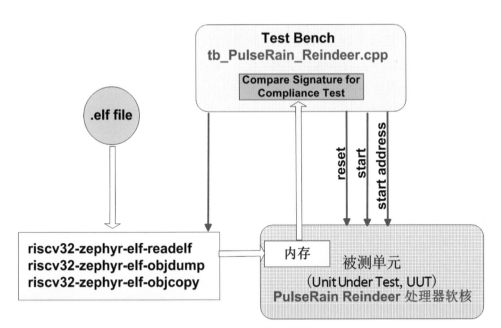

图4-12 Verilator仿真

在介绍小脚丫综合实验平台时，还会对 Verilator 的具体操作做进一步介绍。

4.5.3 用 Modelsim 做处理器的白盒验证

前边章节提到了如何用 Verilator 来对 RISC-V 处理器内核做验证检验。在 Verilator 进行的仿真中并不包含外部内存控制器，所有的代码都是通过测试平台写入到片上的 Block RAM 里面。这个做法虽然可以很快地对 RISC-V 处理器内核进行合规测试验证，但是存在以下问题：

（1）Verilator 不能很方便地检测模块内部的信号。所以验证的主要方法就是仿真运行合规测试的各个程序（elf 文件）。在仿真结束后，通过读取内存中的数据，并与标准的 Signature 做比较来进行判断。在 4.5.1 节中介绍白盒验证法时提到，更稳妥和精确的验证方法应该在每个时钟周期都对处理器的状态（PC 程序计数器、IR 指令寄存器，以及通用寄存器的值等）进行侦测，并与测试向量比较，以便及时发现并定位问题。

（2）上文提到的 Verilator 仿真只包含了 RISC-V 处理器内核部分，但是在实际的系统中，FPGA 除了包含处理器内核之外，还包含了由 FPGA 厂商提供的各类 IP。例如在小脚丫综合实验平台的 FPGA 里就包含了 PLL 和 SDRAM 控制器等。为了保证系统的正确运行，更好的做法应该是将所有这些 IP 也包含在内，从 FPGA 上电复位开始仿真。

因此，PulseRain Reindeer 在处理器级别（包括处理器内核、外设与 DRAM 控制器等）的验证采取了以下的白盒验证法。实际上，许多商用系统也采用了类似的验证方式：

（1）用 Modelsim 代替 Verilator，以方便对模块内部信号的检测，并且对所有的 IP 都建立仿真库。作为一款优秀的商用仿真软件，Modelsim 一直是主流 FPGA 厂商青睐的仿真软件。在 Intel Prime Quartus Lite Edition 中带有一个 Modelsim 初学者版本，可以被用来仿真本书所涉及的所有样例。

（2）为外部内存芯片也建立相对应的仿真模型。例如，小脚丫平台上采用的外部内存芯片是 SDRAM（IS45S16400J），在用 Intel Prime Quartus 产生 SDRAM 控制器时，软件也会提供一个相对应的仿真模型。用户还可以为这个仿真模型提供一个 dat 文件，作为 SDRAM 的内存初始值。在验证检验仿真时，这个 dat 文件正好可以被用来存放验证检验的程序代码（见图 4-13）。

（3）将合规测试的各个程序在 RISC-V 的模拟器上运行，产生测试向量。在本书所采用的测试向量中，测试向量的每一行包括了 PC 值（程序计数器）、IR 值（指令）、各通用寄存器的值等。为简化起见，本书提供的测试平台将只比较测试向量中的前两列（PC 值与 IR 值）。

本书使用的测试向量，来自于 PulseRain Technology 公司内部开发的 RISC-V 模拟器。类似的 RISC-V 模拟器在 GitHub 上有很多，读者也可以将这些模拟器稍做修改后产生自己所需的测试向量。

（4）使用测试平台将 UUT（Unit Under Test，在这里即为 PulseRain Reindeer Step RISC-V 微控制器）、SDRAM Simulation Model 整合在一起，如图 4-13 所示。

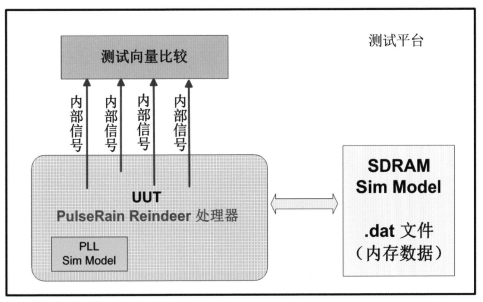

图4-13　Modelsim 仿真

（5）运行 Modelsim 仿真，并提取 UUT 内部信号与测试向量做比较。

在介绍小脚丫综合实验平台时，还会对相关的具体操作做进一步讨论。

第 ⑤ 章

外围设备接口

What makes architecture extraordinary is that you're looking at the building, but your peripheral vision is also seeing how it fits within a space. And it's seeing more than one part of the building at one time.

Sydney Pollack,
American Film Director, 1934 – 2008

是什么让建筑物看起来显得宏伟呢？当你观察一座高楼的时候，你眼光的外围会给你空间感，从而让你能感知到整个建筑的不同部分。

西德尼·波拉克，
美国电影导演，1934 – 2008

微控制器（MCU）相对微处理器（MPU）的优势更多地体现在其丰富的外围设备（Peripheral）上。本章将会讨论一些MCU常用的外围设备接口及其FPGA实现。

5.1 UART

人们通常提到的 UART（Universal Asynchronous Receiver Transmitter，串行口）实际上是一种异步串行口，其始于 RS-232-C 标准。完整的 RS-232 标准除了包括 9 个信号的定义外，还定义了这些信号的电气特性（常用的 RS-232 电缆一般使用 ±12 V 的电平信号）。在早期的台式 PC 上，经常可以看到 DB-9 接口的 RS-232 连接口。由于 RS-232 的简单易用，自其问世以来，一直就是异步串行通信的行业标准。

随着近半个世纪的技术进步，今天说到的 UART 也早已不是 50 年前的样子了。在实践中，如今的 UART 有如下特点：

- 保留了原先 RS-232-C 标准中的帧结构，其信号帧一般包括了"起始位""8 位数据位""奇偶校验位（可选）""终止位"。

- 原先粗笨的 RS-232 电缆已经很少使用，许多新的 PC 也不再包含 DB-9 接口，取而代之的是 USB/UART 转换电缆。经过转换电缆以后，在 UART 端的电平一般都变为了 5 V 或者 3.3 V 单端。

- 实践中，大部分的 UART 都会采用 3 线接口（"接收""发射""地"）或者 5 线接口（3 线接口 + 流量控制信号（CTS/RTS, Clear to Send / Ready to Send）），且以 3 线接口居多。

- 常用的波特率一般可达 115 200 bps 或更高（在本书的小脚丫综合实验平台上就支持 921 600 bps 的波特率以下载用户代码）。

说明：当用 FPGA 来实现 UART 接口时，一个需要注意的地方就是应尽量将接收信号的采样点选在每个符号周期中点的位置，以提高接收的稳定性。用户可以在软核处理器 PulseRain Reindeer 小脚丫平台上的 RTL 代码中找到相关的实现样例，FPGA 厂商一般也会提供相应的 IP。

另外，在实际测试和使用时，往往还需要在 PC 上运行一个终端模拟器软件，以收发串口的数据。常用的终端模拟器软件有 Tera Term、Putty 等。笔者在实践中比较喜欢使用 Tera Term，因为它可以在 Terminal Emulator 之上支持 Scripting（脚本），比较适合于自动化测试。

5.2 I²C和SMBus

I²C 总线是飞利浦半导体公司（NXP 公司的前身）提出的一种同步共享总线，其速率可达 400 Kbps。和 UART 不同的是，I²C 可以在同一总线上支持多个主设备和多个从设备。由于其引脚数少的特性，得到了众多传感器制造商的青睐。也可能是出于此原因，Intel 公司后来在此基础上衍生定义了 SMBus（System Management Bus，系统管理总线）标准。由于二者大体上保持了相互的兼容性，所以本书只将重点放在 I²C 总线的讨论上。

I²C 总线只包含两个信号：SCL（Serial Clock Line，串行时钟线）和 SDA（Serial Data Line，串行数据线）。和 UART 不同的是，I²C 总线信号采用了漏极开路 / 集电极开路驱动方式，而不是 UART 的推挽 / 图腾柱驱动方式 [1]，因此在这两个信号线上都要放置上拉电阻。

---

[1] 有关 Open Drain（漏极开路）/Open Collector（集电极开路）和 Push-Pull（推挽）/Totem Pole（图腾柱）的具体讨论，可以在《Building Embedded Systems, Programmable Hardware》英文著作中找到。简单来说，对于逻辑为高的信号，Open Drain 对应为悬浮（无驱动），而 Push-Pull 则会将其驱动至电气上的高电平。Open Collector 和 Totem Pole 则为它们在早期 TTL 电路下对应的名称。

I²C 总线的帧结构包括"起始位""设备地址（通常是 7 位）""读写标记""应答确认位""数据位""终止位"等。这里主从设备之间需要通过"设备地址"与"应答确认"来进行握手，并实现多个设备的总线共享。当与传感器进行通信时，通常需要对传感器的寄存器进行读写。图 5-1 中展示了用 I²C 进行寄存器写的帧结构（空心块为主设备发送，实心块为从设备发送）。图 5-2 则展示了用 I²C 进行寄存器读的帧结构。需要注意的是，对 I²C 的寄存器读来说，通常主设备在给出了寄存器地址之后，要再发送一次起始位，并重新提供设备地址，然后再接收从设备发来的数据。这种情况在 I²C 标准中被称为重复起始条件。

图5-1　I²C寄存器写（单字节）

图5-2　I²C寄存器读（单字节）

对于 I²C 的主设备和从设备在 FPGA 上的实现，用户可以在 PulseRain Technology 公司的 RTL 库（代码资源 PulseRain_rtl_lib-master.zip）中找到相关的样例。在小脚丫平台上，用户也可以参考 Intel Quartus Prime 中提供的 I²C IP，在具体的 FPGA 实践中，需要注意以下几点。

（1）由于 SCL 和 SDA 都是双向传输漏极开路信号，当用 FPGA 实现 I²C 时，可以借助 FPGA IOB 中的上拉电阻（对 Intel 的 FPGA，可以在引脚分配中开启弱上拉设置），同时将 SCL 和 SDA 的逻辑输出作为三态门的使能信号，如图 5-3 所示。

（2）在 I²C 总线的标准中，定义了多种工作模式。其中，常用的有标准模式（100 kHz）和快速模式（400 kHz）。在快速模式下，专门定义了一个 50 ns 的尖峰抑制条件，用来抑制噪声。在实践中，除了使用 RC 滤波器外，在 FPGA 中还可以用数字的方式来满足这一条件。

尖峰抑制如图 5-4 所示，在 FPGA 实现时，通常用一个较高频率的时钟对 SCL 和 SDA 输入进行采样。图 5-4 中采用了一个 80 MHz 的工作时钟，当经过双触发器的时钟跨越后，需要用一个计数器对信号连续保持有效电平的时间进行测量。只有当连续稳定信号超过 50 ns 后，才认为采样有效，从而起到滤去干扰脉冲的效果。

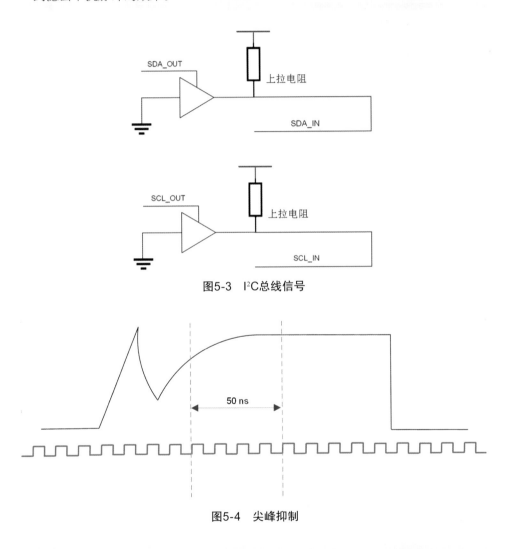

图5-3　I²C总线信号

图5-4　尖峰抑制

（3）目前，市面上主流的 FPGA 都不支持 5 V 电平的输入输出。如果想要用 I²C 总线来驱动 5 V 设备，则需要用像 TI TXS0108E 这样的电平转换芯片；对 I²C 从设备来说，为了及时响应主设备的命令，通常需要采用中断方式，如图 5-5 所示。

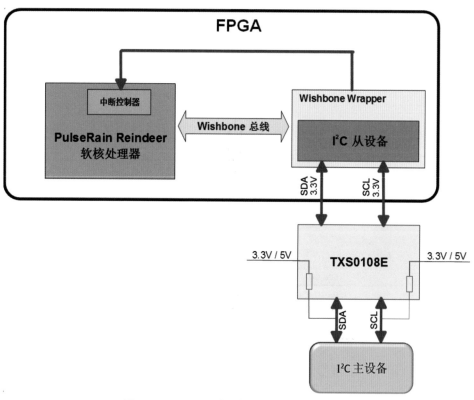

图5-5　3.3V / 5V 电平转换与I²C从设备中断

（4）作为一种帮助调试的手段，许多时候可以借助 I²C 主控端适配器来测试 FPGA 实现的 I²C 模块。常用的 I²C 主控端适配器制造商有 Total Phase、Diolan 等。这些主控端适配器通常也支持 UART 或 SPI 等其他的总线接口。

5.3 SPI

SPI（Serial Peripheral Interface）总线是一种全双工串行总线，包含以下 4 个信号。

- SCLK（Serial Clock）：串行总线时钟。

- SS#（Slave Select）：从设备选择，通常低有效。

- MOSI（Master Out，Slave In）：从主设备到从设备的数据信号。

- MISO（Master In，Slave Out）：从从设备到主设备的数据信号。

SPI 总线最早由摩托罗拉公司的半导体部门提出（该部门现在已被 NXP 收购），然而与 I²C 总线不同的是，SPI 总线并不存在一个官方的标准化组织，这就导致在实现细节上，不同的设备厂商之间会有细微的差别。其具体反映在对时钟的极性（Clock Polarity，CPOL）和时钟的相位（Clock Phase，CPHA）的选择上有所不同。

> 提示：由于 SPI 总线的非标准性，在 FPGA 实现时往往要参考具体设备的数据手册。在本书代码资源 PulseRain_rtl_lib-master.zip 的 SRAM 目录下可以找到一个 FPGA 与 SPI SRAM（Microchip 23A1024 / 23LC1024）通信的例子。

5.4 PWM

PWM（Pulse Width Modulation，脉冲宽度调制）在电机控制、LCD 背光等领域有广泛的应用。其主要设置 / 调整的参数有两个：占空比和频率。PWM 脉冲宽度调制如图 5-6 所示。

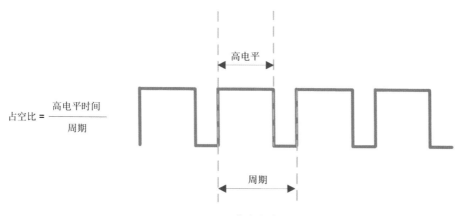

图5-6 PWM 脉冲宽度调制

以 LCD 背光控制为例，其背光亮度可以通过改变占空比来调节。为了防止出现人眼可察觉的屏闪，一般要求 PWM 的频率在 400 Hz 以上。

在 FPGA 实现时，通常可以对每个脉冲的高电平部分和低电平部分各设置一个计数器，从而实现对占空比和频率的控制。在本书代码资源 PulseRain_rtl_lib-master.zip 的 PWM 目录下可以找到一个基于此方法而实现的 PWM 控制器。

5.5 microSD存储卡

microSD 存储卡由于其微小的尺寸，在嵌入式系统中有广泛的应用。microSD 存储卡有以下 8 根信号线，如图 5-7 所示。

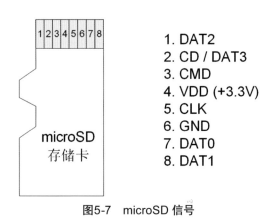

1. DAT2
2. CD / DAT3
3. CMD
4. VDD (+3.3V)
5. CLK
6. GND
7. DAT0
8. DAT1

图5-7　microSD 信号

然而，Secure Digit 存储卡的完整标准只对 SD 协会的会员单位开放，目前公开发行的文件只是其完整标准的一个简化版本。幸运的是，SPI 访问方式在这个简化版本中被公开，所以目前在嵌入式系统中一般都以 SPI 方式来访问 microSD 存储卡。

> **注意**: microSD 存储卡并不是只包含物理接口。在大多数情况下，microSD 存储卡都会包含文件系统。常用的文件系统有 FAT32、exFAT 和 NTFS。

这些文件系统的完整版本会涉及一些专利问题。在实际开发中，许多开源的嵌入式系统只支持8.3的短文件名的FAT32格式（即主文件名最多只有8个字符，而扩展名最多只有3个字符；主文件名与扩展名之间用"."连接），并且文件名不区分大小写。

如果 FPGA 采用 SPI 方式访问 microSD 存储卡，则 SPI 信号和 microSD 信号的对应关系如表 5-1 所示，其中 FPGA 为主设备，而 microSD 存储卡为从设备。

表 5-1　SPI 信号与 microSD 信号的映射

FPGA信号名	microSD 信号名	备　　注
SD_SPI_CS_N	DAT3 (pin 2)	SPI 片选信号，低有效
SD_SPI_DO	DAT0 (pin 7)	microSD 数据输出，SPI MISO 信号 （数据从 microSD 存储卡传向 FPGA）
SD_SPI_DI	CMD (pin 3)	microSD 数据输入，SPI MOSI 信号 （数据从 FPGA 传向 microSD 存储卡）
SD_SPI_CLK	CLK (pin 5)	SPI 时钟

由于 microSD 的存储卡性质，其数据访问以扇区（通常 512 字节）为单位。在 FPGA 实现时，可以采用乒乓缓冲的形式，并将每个缓冲区大小都设置为 512 字节。在本书代码资源 PulseRain_rtl_lib-master.zip 的 SD 目录下可以找到一个基于该方式而实现的 microSD 控制器。

相关的文件系统访问，则可以在本书代码资源 M10SD-master.zip 中找到样例。这个样例使用了 Petit FAT 软件模块来访问 microSD 存储卡。

5.6　PS/2接口

PS/2 接口曾经是 PC 鼠标和键盘的标准接口配置，随着 USB 接口的流行，现在 PC 上的鼠标和键盘已经很少再采用 PS/2 接口。不过在嵌入式系统中，PS/2 接口的 Keypad（小键盘）仍然有不少的应用，这是因为 PS/2 接口相对简单，可以直接用 FPGA 实现（不需要 +5 V 电平）。而如果采用 USB 接口的 Keypad，则通

常需要专用芯片以实现 USB 主控端的功能。

PS/2 接口一共有 6 根信号线，图 5-8 展示了其母座接口（Female Connector）的信号索引方式。这些信号的具体定义如表 5-2 所示。

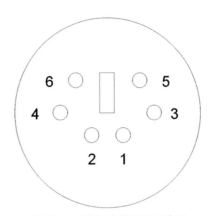

图5-8　PS/2母座接口信号索引

表 5-2　PS/2 信号定义

信号线索引	信 号 名	备 注
1	DATA	串行数据
2	NC (Not Connected)	无连接
3	GND	接地
4	Vcc	+5V 电源
5	CLK	时钟信号 (10 ~ 16.7 kHz)
6	NC (Not Connected)	无连接

如图 5-9 所示，从协议帧格式角度来说，PS/2 大致上可以看作是一种同步的 UART 接口。其包括一位起始位（总是低电平）、8 个数字位（D0 ~ D7）、一位奇校验位和一位终止位（总是高电平）。对 Keypad 来说，每次从 PS/2 接口收到的 8 位数据正好对应一个键盘按键的扫描码。

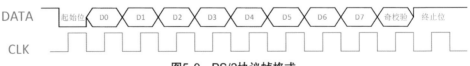

图5-9　PS/2协议帧格式

说明： 在本书代码资源 PulseRain_rtl_lib-master.zip 的 PS2 目录下可以找到一个基于图 5-9 而设计的 PS/2 接收器样例（包括接收 FIFO）。另外，在代码资源 M10 PS2- master.zip 里可以找到相关的软件操作。

5.7 旋转编码器

旋转编码器（Rotary Encoder）有时也称为轴编码器，通常被用来调整音量、亮度等参数，在嵌入式系统中经常可以找到其身影。

根据其信号输出方式，旋转编码器可以分为绝对式旋转编码器与增量式旋转编码器。绝对式旋转编码器的编码值可以在掉电后不丢失，而增量式旋转编码器则只能报告并设置旋钮的相对移动。由于增量式旋转编码器在嵌入式系统中应用较多，本章节会将其作为讨论重点。

对增量式旋转编码器的设置旋钮来说，其主要有 3 个基本操作。

● 顺时针旋转。

● 逆时针旋转。

● 按压设置旋钮。

与之相对应的是，增量式旋转编码器通常有 5 个信号，如表 5-3 所示。

表 5-3　增量式旋转编码器的信号定义

信　号　名	定　　义
Vcc	电源
GND	接地
SW(SWITCH)	通常接上拉电阻，当旋钮被按下时，该信号变为低电平
DT(DATA)	数据
CLK(CLOCK)	时钟

对设置旋钮旋转方向的判定，则可以通过表 5-3 中数据脉冲和时钟脉冲的相对相位来确定。当数据脉冲比时钟脉冲落后 90° 时，则表示顺时针旋转，如

图 5-10 所示，此时在时钟的上升沿对数据采样，会采得低电平。而当数据脉冲比时钟脉冲超前 90° 时，则表示逆时针旋转，如图 5-11 所示，此时在时钟的上升沿对数据采样，就会采得高电平。

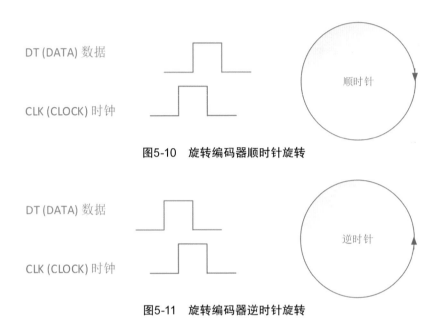

图5-10　旋转编码器顺时针旋转

图5-11　旋转编码器逆时针旋转

在本书代码资源 PulseRain_rtl_lib-master.zip 的 rotary_encoder 目录下可以找到一个基于此方法而实现的增量式旋转编码器的接收模块样例。

5.8　7段数码管显示器

图 5-12 左边的 8 字型显示器通常被称为 7 段数码管显示器（或 7 段管显示器），不过如果算上小数点，应该有 8 个可独立控制的显示管（A ～ G 以及 DP）。从逻辑角度来说，对这些显示管的控制可以用图 5-12 右边的开关阵列来表示（从电平角度看，往往是低电平点亮显示管）。当需要显示多个数字位时，这些多位的 7 段显示器往往会共享 A ～ G 和 DP 开关。但是对于每个 7 段显示器，则有一个独立的开关加以控制，如图 5-12 右边的 DIG[0：3] 开关。在这种情况下，这些 7 段显示器会被轮流刷新点亮。

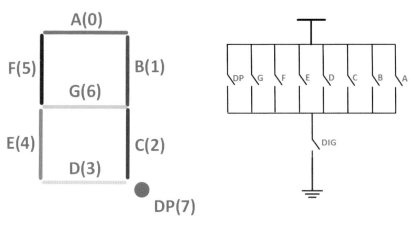

图5-12 7段管显示器

对于多位 7 段显示器的轮流刷新点亮，可以直接通过 FPGA 用逻辑电路来实现，不过这样会消耗额外的逻辑资源。另外一种办法则是通过 GPIO 和定时器中断，采用软件的办法来实现。和本书配套的小脚丫实验平台采用了后一种方式实现（见 9.10 节）。

 USB

本节将集中讨论利用 FPGA 来实现 USB 功能。

从硬件角度来说，下面两种方法是 FPGA 的 USB 实现所常用的。

1. USB/UART 转换芯片

这种方式的好处是硬件比较简单，在 FPGA 中只需实现 UART 功能即可。USB/UART 转换芯片可以有比较多的选择，例如 FTDI 232R、FTDI 2232H、Silicon Labs CP2102x 或者包含 USB 的 MCU 等。然而，这种方式的缺点是其吞吐率相对较低（一般不超过 921 600 b/s），并且无法实现"存储设备""以太网"等功能。

2. 专用的 USB 控制器

常用的 USB 控制器有 Cypress EZ-USB FX2LP、EZ-USB FX3 等，这些 USB

控制器与 FPGA 的交互如图 5-13 所示。采用专用 USB 控制器的优点是几乎可以不受限制地实现所有的 USB 功能，并且可以实现很高的数据吞吐率，但其缺点是软硬件系统都比较复杂。除了需要在 FPGA 中实现数据接收模块以外，还要对 USB 中的 ARM/8051 控制器编程，设置各个端点。另外，在 PC 端也需要提供相应的驱动程序。

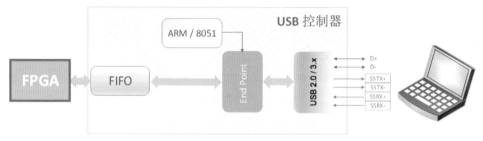

图5-13　USB专用控制器与FPGA

从软件角度来说，如果采用专用 USB 控制器，则根据所要实现的 USB 功能设置下面这些 USB 描述符。

● 设备描述符。

定义设备的分类、厂商 ID、产品 ID 等。

● 配置描述符。

定义接口的数目、最大功耗等。

● 接口描述符。

定义端点的数目、分类等。

● 端点描述符。

定义端点的传输方向、种类等。

● 字符串描述符。

定义语言 ID、字符串长度等。字符串描述符中定义的字符串会被其他描述符所引用，以显示制造商名称、产品名称等。

● 接口关联描述符。

供复合设备（Composite Device）使用。

对嵌入式系统来说，常用的 USB 功能 / 设备有大规模存储（Mass Storage）、RNDIS（Remote Network Driver Interface Specification，远程网络驱动程序接口规范）等。对这些 USB 设备来说，还需要在 PC 端提供相应的驱动程序。这里需要指出的是，在 Windows 操作系统下，如果只有单个的应用程序访问该 USB 设备，则可以采用 WinUSB 方式。采用 WinUSB 方式的优点是不需要撰写复杂的驱动程序，所有的代码都可以在用户模式下运行，如图 5-14 所示。

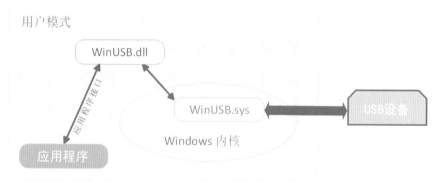

图5-14　WinUSB

在图 5-14 中，WinUSB 主要包括两个部分：WinUSB.sys 和 WinUSB.dll。其中，WinUSB.sys 工作在操作系统的内核模式（Kernel Mode）下，而 WinUSB.dll 则工作在用户模式下（User Mode）。从 USB 设备的角度来看，其是一些端点的组合，而 WinUSB.sys 是一个通用的驱动程序并与这些端点做数据交换。作为用户程序和 WinUSB.sys 的中间桥梁，WinUSB.dll 通过应用程序接口（API），使得用户程序可以间接地访问 USB 设备。

5.10　以太网

从 FPGA 的角度来看，实现以太网连接的方式主要有以下几种。

1. 采用 ESP8266 WiFi 控制芯片

Espressif 公司的 ESP8266 WiFi 芯片由于其高集成度和简洁的接口方式，为实现无线以太网连接提供了一个优秀的解决方案。在本书代码资源 M10ESP8266-master.zip 里可以找到一个为 ESP8266 Arduino 模块提供 Arduino 库的样例。该 ESP8266 扩展 WiFi 模块被用在了下面的 Hackaday 项目上：https://hackaday.io/project/20493-play-fpga-like-arduino（其也是一个 PWM 控制电机的实用样例）。

2. 采用 SPI 接口的以太网控制芯片

对于低吞吐率的应用场合，采用 SPI 接口的以太网集成控制芯片是一个不错的选择。Microchip 公司和 WIZnet 公司等对此都有相应的产品方案。

3. FPGA 实现 Ethernet MAC 功能，Ethernet PHY 外置

对于高吞吐率的应用场合，特别是千兆以太网（Ethernet），前面所提到的两种方案都难以胜任。一般的做法是将以太网的 MAC 层功能（Media Access Control，媒体访问控制层）放在 FPGA 中实现，而在 FPGA 外部采用专用的以太网物理层芯片（Ethernet PHY）。

在实践中，MAC 层一般可以由 FPGA 厂商提供 IP（例如 Intel FGPA 中的三速 Ethernet IP）；而对于物理层，Marvell 公司和 Microchip 公司都有相应的产品方案。

在对 MAC 层和物理层连接 / 配置的方式上，可以有多种选择。在介绍这些选择之前，有必要先介绍以下与其相关的几个子协议层。

对于以太网的物理层，一般又可以分为三个协议子层。

- PCS（Physical Coding Sublayer，物理编码子层）。

- PMA（Physical Media Attachment Sublayer，物理媒体连接子层）。

- PMD（Physical Media Dependent Sublayer，物理媒体相关子层）。

其中，PCS 相当于物理层的信道编码部分。常用的编码方式有曼彻斯特编码、4B/5B、8B/10B 编码等，而 PMA 则会生成多种需要在物理介质上传输的码流，交

由 PMD 层传送。在 PMD 层，常用的传输介质一般有光纤或铜绞线等。

而 MAC 层还需要对物理层的配置，则有专门的 MDIO 接口来实现。MDIO 接口是一个有两根信号线的串行总线，其时钟频率一般低于 2.5 MHz。

回到 FPGA 的以太网实现上，在 FPGA 和物理层芯片的连接上，一种可能的方式是采用 MII、RMII、GMII、RGMII 等协议接口。这些协议接口都是传统的并行总线结构，如图 5-15 所示。在这种连接方式下，PCS、PMA、PMD 都由物理层芯片实现，而 FPGA 只负责实现 MAC。这种连接方式的好处是结构相对简单，但缺点是由于这些协议接口都是传统的并行总线结构，如果需要实现高吞吐率的千兆以太网，则这种连接方式可能会对 FPGA 的时序收敛造成一定的挑战。

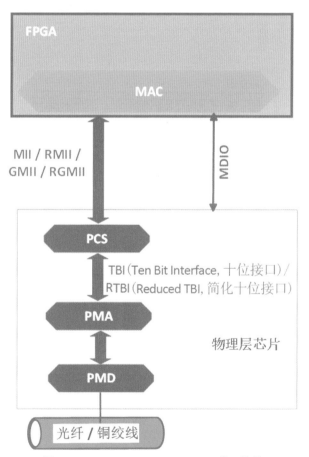

图5-15　MII、RMII、GMII、RGMII 接口协议

随着 SERDES 在 FPGA 设备中的大量装备，另一种可能的连接方式便是采用 SGMII 协议接口。在图 5-15 中，PCS 和 PMA 之间的连接可以是 TBI 或者 RTBI 协议。而 SGMII 的实质是将图 5-15 中的 GMII 协议在串行化的 TBI 协议上传送，而在另一端将 GMII 协议恢复后继续走 PCS-PMA-PMD 的路径，如图 5-16 所示。

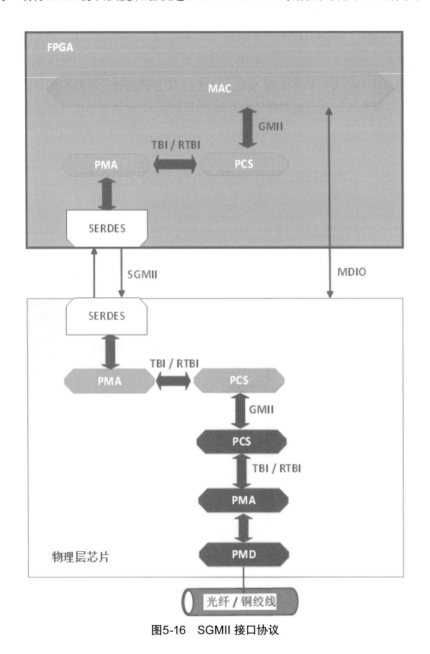

图5-16　SGMII 接口协议

在图 5-16 中，FPGA 中除了包括 MAC 层外，还包含了 PCS 和 PMA 子层。而在物理层芯片端，也有与之对应的 PCS 和 PMA 子层，而这两个 PMA 之间由高速 SERDES 连接。由此，GMII 协议可以通过高速串行总线在 FPGA 和物理层芯片之间互相传送，而在物理层芯片端，在概念上会包含两个 PCS 与两个 PMA 模块。

SGMII 的优点是使用高速串行总线代替传统的并行总线，可靠性高。但其缺点是硬件开销相对增加，而且需要 SERDES 的支持。

第 6 章

嵌入式软件开发基础

Is "Software Engineering" an Oxymoron?

by Alan Kay,
SD Times Magazine, 03/15/2005

"软件工程"是一种矛盾修辞法吗?

阿伦·凯,
2005 年 3 月 15 日，软件开发时代杂志

在本书的开头章节中提出了 FARM（FPGA + Arduino + RISC-V + Make）的开发模式，其中，与硬件相关的部分（FPGA 和 RISC-V）已经做了详细的讨论。从本章开始，将重点讲述 FARM 模式的软件部分。

6.1 目标文件格式

如果说 FPGA 开发的最终结果是 Bitstream 文件，那么嵌入式软件开发最终产生的结果是一个目标文件。这个目标文件会被用来指导 FLASH 的烧制，或者告诉加载器如何将代码/数据载入内存中。

这个目标文件的格式可以有多种选择，常用的格式有：

● 二进制格式。

● Intel.hex 格式。

● 摩托罗拉 S-record。

● .elf 格式。

在实践中 Intel.hex 格式和 .elf 格式应用较多，本节会集中介绍这两种格式。

1. Intel.hex 格式

Intel.hex 文件可以被看作一种用行文本方式来描述二进制内容的方法。其每一行包括的内容格式如表 6-1 所示。

表 6-1   Intel.hex 文件的格式定义

符号名	长度/字符	备 注
起始符号	1	每一行记录以冒号 ":" 开始
字节数	2	两个字符，表示一个 8 位的十六进制数，这个数字被用来表示数据部分的字节长度

续表

符号名	长度/字符	备　注
地址	4	4 个字符,表示一个 16 位的十六进制数。这个数字被用来表示相应的起始地址的低 16 位
记录类型	1	1 个字符,表示该行记录的类型。其中和 32 位嵌入式系统相关的定义有 0x00(数据)、0x01(文件结束)、0x04(高 16 位地址)和 0x05(32 位入口地址)
数据	可变	每两个字符,表示一个 8 位的十六进制数。总长度由前面的字节数决定
校验码	2	将前边各个部分(不包括起始的冒号)所表示的字节累加在一起,并将其结果的低 8 位从 0x100 中删除

对于上面的格式,读者可以在本书代码资源 Reindeer_Step-1.1.2.zip 的 scripts 目录下 ROM_Hex_Format.py 脚本中找到对应的 Python 类。该 Python 代码被用在了 PulseRain Reindeer RISC-V Soft CPU 的代码载入工具里。

2. .elf 文件格式

.elf 文件格式经历了一个漫长的演进过程:在最初的 UNIX 系统中,编译器产生的目标文件格式被称为 a.out 格式(今天 GCC 编译的默认目标文件名依然是 a.out,虽然其格式早已经改成了 .elf);然后 a.out 格式逐渐被 COFF 格式所替代;最终,COFF(Common Object File Format,通用对象文件格式)演进到了目前常用的 .elf 文件格式。

.elf 文件包含了多个段,其中常用的段有:

- .text section。

这个段包含了所有的代码部分,其是一个只读的段。

- .data section。

这个段包含了所有的数据部分,其是一个可读写的段。

一般来说,对于代码中的全局数组,如果其有非零初始值,则会被包含在这个段当中。

- .rodata section。

这个段包含了所有的只读数据部分，其也是一个只读的段。

一般来说，如果代码中有常量数组，则它们通常会被放置在这个段里面。

- .bss section。

所有的全局变量和数组，如果它们没有被指定初始值，则通常被默认为零值，而 .bss section 就被用来作为它们的存储空间。因为这些初始数值都是零，所以没有必要将 .bss section 包含在最终的目标文件中。不过，在编译器生成的初始化代码中，会有专门的部分将 .bss section 初始化并清零。

由于 .elf 文件的复杂性，需要由工具链提供的工具来读取数据，例如 objdump、objcopy、readelf 等。图 4-6 中用 Python 脚本载入信息的同时，也调用了 GNU MCU Eclipse 所提供的工具链。

.elf 文件中的各个段通常会和链接脚本中定义的内存分区相对应。下面会对此做详细的讨论。

6.2 Link Script（编译用链接脚本）

目标文件中的内容，最终都会被放入内存中来执行。而内存会有各种不同的类型，特别是在嵌入式系统中，内存包括 FLASH、SRAM、DRAM 等多种类型。FLASH 在运行时可以被看作是只读类型的内存，其内容会被预先烧制，而无须动态载入。而 SRAM 和 DRAM 虽同为 RAM，但是其读写延迟差别很大，所以在代码内存分配和载入时必须对此加以考虑，以满足系统的性能优化。

而 Link Script 的功能，很大程度上便是向链接器（Linker）告知实际物理内存的分区，指导链接器将 6.1 节中提到的各个段对物理内存分区，并进行映射。下面便是一个 Link Script 的样例。

代码6-1 Link Script

```
MEMORY
{
    FLASH   : org = 0x80000000, len = 0x10000
    SRAM    : org = 0x80010000, len = 0x10000
    DDR     : org = 0x80020000, len = 0x800000
}

SECTIONS
{

  text :
    { *(.text); } >FLASH

  data :
    {*(.data);*(.rodata);} >SRAM AT>FLASH

  .bss :
    {*(.bss);} >DDR

  other :
    {*(.*);} >DDR
}
```

在代码 6-1 中，前半部分的 MEMORY 将物理内存分为了三个分区，分别对应 FLASH、SRAM 和 DDR（Double Data Rate，双倍数据速率存储器）。而后半部分的段则将代码、数据和 .bss 映射到了对应的内存分区中。

细心的读者也许会发现，代码 6-1 将数据同时映射到了 SRAM 和 FLASH 里面。实际上，在代码 6-1 中展示的这个系统里，用户的代码和数据都被烧入到 FLASH 里面。并且 FLASH（通常是 Nor FLASH）作为 ROM，被直接映射到系统的内存地址空间里面，这种做法被称为 XIP（Execute In Place，本地执行或芯片内执行）。而 FLASH 中的代码，往往是处理器上电后最先运行的代码，例如 Bootloader 等。

这种将 Bootloader 烧入 FLASH 中，在上电时首先做 XIP 运行的做法在嵌入式系统中被广泛采纳。然而，由于数据（例如带非零初始值的数组）是可读写的段，

如果 FLASH 在运行时是可读但不可写的内存，这个问题如何解决？

为解决这个矛盾，Bootloader 的初始化代码会将数据从 FLASH 复制到 RAM 中，例如代码 6-1 中的 SRAM（在 6.1 节中提到，初始化代码的另外一个任务是将 .bss 清零）。数据段被从 FLASH（ROM）复制到 RAM，它就有了两个地址：一个是存储地址（ROM 在内存空间中的地址）；另外一个是执行地址（RAM 在内存空间中的地址）。在目标文件中，通常将这两种地址分别称为 LMA（Load Memory Address，加载地址）和 VMA（Virtual Memory Address，虚拟地址）。一般情况下，大部分段的 LMA 和 VMA 的值是一样的。只有将可读写段存入 ROM，并在初始化时复制到 RAM 时，才会出现 LMA 不等于 VMA 的情况。

6.3 工具链

对嵌入式软件开发来说，工具链中除了包括交叉编译器（Cross-Compiler）和链接器外，还包含了许多的辅助工具。本节会以 GNU MCU Eclipse 中的 RISC-V 工具链为蓝本，介绍一下其中三个常用的辅助工具。

6.3.1 readelf

readelf 是解析 .elf 文件基本内容的常用工具。对 GNU MCU Eclipse 中的 RISC-V 工具链来说，用下面的命令可以读出 example.elf 文件中所有的段名称、符号名和地址。

```
riscv-none-embed-readelf -a example.elf
```

在所有的符号名中，_start 符号代表了代码的入口地址。

6.3.2 objdump

相比 readelf，objdump 可以得到 .elf 文件的更多信息。对 GNU MCU Eclipse 中的 RISC-V 工具链来说，用下面的命令可以解析出 example.elf 文件中各段的详细参数。

代码6-2　objdump

```
riscv-none-embed-objdump -h example.elf
```

输出样例：
......

```
Sections:
Idx Name           Size      VMA       LMA         File off  Algn
  0 vector         00000414  80000000  80000000    00000074  2**2
                   CONTENTS, ALLOC, LOAD, READONLY, CODE
  1 reset          00000004  80004000  80004000    00000490  2**2
                   CONTENTS, ALLOC, LOAD, READONLY, CODE
  2 exceptions     0000026c  80004004  80004004    00000494  2**2
                   CONTENTS, ALLOC, LOAD, READONLY, CODE
  3 text           000037e0  80004270  80004270    00000700  2**2
                   CONTENTS, ALLOC, LOAD, CODE
  4 devconfig      00000024  80007a50  80007a50    00003ee0  2**2
                   CONTENTS, ALLOC, LOAD, DATA
  5 rodata         00000970  80007a74  80007a74    00003f04  2**2
                   CONTENTS, ALLOC, LOAD, READONLY, DATA
  6 datas          0000001c  800083e4  800083e4    00004874  2**2
                   CONTENTS, ALLOC, LOAD, DATA
```

代码 6-2 中的样本输出除了各段的大小外，还分别列出了 VMA 与 LMA，以及其他一些重要特性参数（只读 / 可读写、代码 / 数据等）。图 4-6 中的 Python 脚本便间接利用了代码 6-2 的输出结果来决定代码 / 数据的载入地址。

objdump 另外几个常用的参数有：

```
riscv-none-embed-objdump -d example.elf 反汇编
riscv-none-embed-objdump -s example.elf 导出所有的Section并文本打印
```

6.3.3　objcopy

objcopy 经常被用来产生 FLASH 的烧制文件。下面的命令就可以将 .elf 中的段

导出生成二进制文件:

```
riscv-none-embed-objcopy -O binary example.elf example.bin
```

而下面的命令则可以选择性地将 .elf 中的指定段导出（例如代码段）:

```
riscv-none-embed-objcopy --dump-section .text=text.bin example.elf
```

6.4 嵌入式系统中高级编程语言的选择

在过去的数十年中，高级编程语言随着互联网的兴起而得到了飞速发展。然而，由于嵌入式系统，特别是裸金属嵌入式系统与硬件的紧密联系，许多新出现的高级编程语言可能适合互联网或应用程序的开发，却不一定适合嵌入式系统的开发。这是因为有些语言需要虚拟机的底层支持（例如 Java），有些语言需要解释执行（例如 Python），而这些特点使得高级编程语言在接近硬件的底层操作时难以展开。

在实践中，C 语言依然是许多嵌入式系统开发的主要语言，不过随着面向对象概念的应用，C++ 语言也越来越多地应用在嵌入式系统的开发中。不过 C++ 语言也有些颇具争议的地方，对开发者提出了更高的技能要求，后边会做详细讨论。

6.5 C语言在嵌入式系统中的应用

6.5.1 C 语言的模块封装

C 语言的发明者 Dennis Ritchie（1941—2011）曾经说过这样的话:

When I read commentary about suggestions for where C should go, I often think back and give thanks that it wasn't developed under the advice of a worldwide crowd.

C 语言将底层操作与高级语言特性做到了巧妙融合，使得整个语言简洁而不臃肿。不过 C 语言本身并不像 C++ 的类那样具有天然的封装机制，如果开发者缺乏自我约束和互相协调，则容易造成命名空间污染，会给大型项目带来混乱。

对此，笔者的应对方法有两个。一个是容忍这种混乱，采用带有语法分析功能的编辑器（例如 Source Insight），这些带有语法分析功能的编辑器可以很快地通过函数名定位到函数的对应代码，在一定程度上缓解混乱。这只是一个治标的方法。一个治本的方法是将模块与源文件相对应，利用 static 函数和包含函数指针的 struct 来实现模块封装。本书代码资源 M10SevenSeg-master.zip 便采用了这种方法。

M10SevenSeg-master.zip 这个代码资源实际上是一个用 GPIO 来实现一个"双七段管显示"模块的样例。在这个模块中，所有的内部函数和数据都以 static 开始，从而其函数名和变量名只在模块内部可见，从而避免命名空间污染，如代码 6-3 所示。

代码6-3　C语言模块函数定义样例

```c
static const uint8_t seven_seg_display_encoding[16] = {
    0x3F, 0x06, 0x5B, 0x4F, 0x66, 0x6D, 0x7D, 0x07, 0x7F, 0x6F,
    0x77, 0x7C, 0x39, 0x5E, 0x79, 0x71
};

static void seven_seg_on_off (uint8_t on_off_mask) {…}

static void seven_seg_init() {…}

static void seven_seg_dp (uint8_t mask) {…}

static void seven_seg_display (uint8_t number, uint8_t index)
{
    uint8_t t;

    t = number & 0xF;
```

```
    if (index == 0) {
            P0 &= 0x80;
            P0 |= seven_seg_display_encoding[t];
    } else if (index == 1) {
            P1 &= 0x80;
            P1 |= seven_seg_display_encoding[t];
    }
} // End of seven_seg_display()

static void seven_seg_hex_byte_display (uint8_t num)
{
    seven_seg_display (num, 1);
    seven_seg_display (num >> 4, 0);
} // End of seven_seg_hex_byte_display()
```

同时，在模块的头文件中，则需要声明对应的接口函数的原型，并用 struct 来封装，如代码 6-4 所示。

代码6-4　C语言模块头文件样例

```
#ifndef M10SEVENSEG_H
#define M10SEVENSEG_H

#include "Arduino.h"

typedef struct {
    void (*init) ();
    void (*onOff)(uint8_t on_off_mask);
    void (*byteHex) (uint8_t num);
    void (*decimalPoint)(uint8_t mask);
} SEVEN_SEG_STRUCT;

extern const SEVEN_SEG_STRUCT SEVEN_SEG;

#endif
```

根据这个头文件，在模块文件的末尾需要将内部函数与头文件中声明的函数指针相匹配，如代码 6-5 所示。

代码6-5　函数指针匹配

```c
const SEVEN_SEG_STRUCT SEVEN_SEG = {
  .init = seven_seg_init,
  .onOff = seven_seg_on_off,
  .byteHex = seven_seg_hex_byte_display,
  .decimalPoint = seven_seg_dp
};
```

经过这些处理后，对该模块的调用就和 C++ 非常接近了（笔者通过该方法用 C 语言实现了 Arduino Library）。如果需要用双七段管显示 8 位十六进制数 0xAB 时，调用如代码 6-6 所示。

代码6-6　函数指针的调用

```c
SEVEN_SEG.byteHex(0xAB)
```

6.5.2　C 语言的内存对齐访问

在众多的嵌入式系统中，要求内存的访问能与内存边界对齐（Aligned Access）。在 RISC-V 指令集中，允许处理器设计者自行决定是否支持非对齐的内存访问。设计者可以选择不支持，而让非对齐的内存访问触发中断；设计者还可以选择在硬件层面支持非对齐的内存读或写。即使是这样，这种非对齐的内存访问通常会引起内存的多次读写，导致内存访问效率较低。

因此，在嵌入式软件的设计中，应尽量避免内存的非对齐访问出现。与此相对应的是，在定义数据 struct 中各成员变量时，应将内存边界问题加以考虑。例如在代码6-7 的数据 struct 中，其成员变量 y 和 z 有可能和内存边界没有对齐。这里说的"有可能"是因为编译器也许会自动加入填充，来改变成员变量的内存偏移，这个可以从数据 struct 的大小判断出来。

代码6-7　非对齐的结构体

```
typedef struct {
    uint8_t x;
    uint32_t y;
    uint16_t z;
}STRUCT_XYZ;
```

对上面这个数据的结构体，在 GNU C 库下编译后，运行并检查 sizeof（STRUCT_XYZ）的值时，会发现其大小是 12 字节，而不是表面上的 1 + 4 + 2 = 7 字节。这是因为编译器自动加了填充。如果软件设计者希望删除编译器加入的这些填充，在 GNU C 库下可以用下面的属性对代码 6-7 的数据 struct 进行修饰，如代码 6-8 所示。

代码6-8　__attribute__（（packed））

```
#define PACKED __attribute__((packed))

typedef struct {
    uint8_t x;
    uint32_t y;
    uint16_t z;
}PACKED STRUCT_XYZ;
```

代码 6-8 中的 struct 在用 PACKED 修饰以后，sizeof（STRUCT_XYZ）的值会变成 7。

除了用 sizeof 运算符来检查 struct 的大小外，下面这两个 Macro（宏定义）对解决内存对齐问题也非常有用。

代码6-9　宏定义（帮助判断内存对齐）

```
#define FIELD_OFFSET(type, field) \
        ((long)(long*)&(((type *)0)->field))

#define TYPE_ALIGNMENT( t ) \
    ((long)(sizeof(struct { char x; t test; }) - sizeof(t)))
```

在代码 6-9 中定义的 FIELD_OFFSET 宏可以被用来确定 struct 成员变量的偏移。

而 TYPE_ALIGNMENT 宏则可以指示 struct 的实际边界对齐值，例如对于代码 6-7 中的 struct，下面两个宏操作的返回值都应该为 4：

```
FIELD_OFFSET (STRUCT_XYZ, y) == 4
TYPE_ALIGNMENT(STRUCT_XYZ) == 4
```

代码 6-8 中的 struct，同样的操作应该返回 1：

```
FIELD_OFFSET (STRUCT_XYZ, y) == 1
TYPE_ALIGNMENT(STRUCT_XYZ) == 1
```

对于内存边界对齐的问题，笔者建议手工加入填充，或者调整成员变量声明的顺序，以对齐成员变量，而不是依靠编译器的自动修正。对代码 6-7 中的 struct，可以用代码 6-10 的方法来手工对齐。

代码6-10　手工对齐struct

```
typedef struct {
    uint8_t x;
    uint8_t padding;
    uint16_t z;
    uint32_t y;
}STRUCT_XYZ;
```

6.5.3　C 语言的静态编译检查

许多时候，我们希望在编译阶段就能检测出错误，例如数据 struct 边界对齐的问题，实际上通过静态编译检查便可确定，而无须运行代码。C 语言本身并没有直接提供静态编译检查的语法支持，通过 Dan Saks、Ken Peters 和 Mike Teachman 等人的努力与完善，代码 6-11 中的宏定义可以在 C 语言中被用来等价地实现静态编译检查。

代码6-11　C语言的静态编译检查（定义）

```
#define C_ASSERT(cond) \
        extern char compile_time_assertion[(cond) ? 1 : -1]
```

通过 C_ASSERT 宏，上述内存对齐问题在编译时就可以及时得到检查，如代码 6-12 所示。

代码6-12　C语言的静态编译检查（使用）

```
C_ASSERT(sizeof(STRUCT_XYZ) == 8);
C_ASSERT(TYPE_ALIGNMENT(STRUCT_XYZ) == 4);
```

在代码 6-12 中，当 C_ASSERT 中的假设不成立时，其对应的数组大小会变成负值，从而在编译时报错。代码 6-11 中的宏定义只是一个外部数组声明，并不会占用存储空间。

> **提示：** 上文提到的 Dan Saks 先生是一位著名的 C/C++ 编程语言专家，也曾经是嵌入式系统设计杂志的专栏作家（该杂志现已经停止纸质发行），笔者早年学艺时，就经常拜读其大作。有兴趣的读者，可以在其个人主页上找到更多的"奇技淫巧"。

6.5.4　volatile 与 const

在嵌入式系统编程时，经常需要访问映射到内存地址空间中的外设寄存器（Memory Mapped Peripheral Registers）。此时需要用 volatile 关键字来修饰指针声明，以防止编译器做不必要的优化。

然而，当定义这些寄存器的地址时，通常还需要使用 const 关键字。此时在代码中我们应该把 volatile 放在 const 之前，还是之后？

一般来说，当在代码中定义内存映射的外设寄存器地址时，需要把 volatile 放在 const 之前，如代码 6-13 所示。

代码6-13　volatile在const 之前

```
volatile uint8_t* const REG_GPIO = (uint8_t*)0x20000018;

#define GPIO_P0  (REG_GPIO[0])
#define GPIO_P1  (REG_GPIO[1])
```

```
#define GPIO_P2  (REG_GPIO[2])
#define GPIO_P3  (REG_GPIO[3])
```

在代码 6-13 中,将一个 32 位 GPIO 按字节分别定义了 4 字节端口 (Port)。
这样在代码中,可以直接对端口赋值,如代码 6-14 所示。

代码6-14　直接对端口赋值

```
GPIO_P3 = 0xBD; // bit [31:24]
```

而另一方面,如果需要通过指针访问 ROM,则在声明该指针时,需要将
volatile 放在 const 之后,如代码 6-15 中的指针 p:

代码6-15　volatile放在const之后

```
volatile uint32_t* const ROM_ADDR = 0x80000000;
const volatile uint32_t *p = ROM_ADDR;
uint32_t x, y;

x = *p++;
y = *p++;
```

由于 const 的修饰,因此,如果对代码 6-15 中的指针 p 指向的内存赋值 (例如
*p=100),则会触发编译错误。

6.6　C++语言在嵌入式系统中的应用

6.6.1　C++ 语言的口水仗

C++ 语言的发明者 Bjarne Stroustrup 曾经说过这样的话:

There are only two kinds of languages:the ones people complain about and the
ones nobody uses.

由此可见,C++ 是一个受到广泛应用,却争议颇多的语言。和 C 语言的简洁
相比,C++ 语言包括了许多复杂的功能,如果使用不慎,很容易令代码臃肿低效。

也是因为这个原因，当 C++ 语言最初被引入到底层代码时，曾一度受到抵制。其中著名的反对人物就有 Linux 的创始人 Linus Torvalds，这也是 Linux 至今依然采用 C 语言的主要原因。同时，Microsoft Windows 的开发人员对 C++ 在 Kernel 中的应用也有保留意见。

> **说明：** 不过笔者对 C++ 一直保持着友好的态度。只是在嵌入式系统中，笔者认为 C++ 的某些特性可能需要限制使用。在下面的章节中，会先介绍 C++ 对 C 语言的改进，接着再对 C++ 中引入的新概念进行详细讨论。

6.6.2 C++ 语言对 C 的改进

1. 用 constexpr 来代替 define

C++ 标准（2011 年版）中引入了 constexpr 关键字，可以很好地代替 C 语言中的宏定义。对于 6.5.4 节中用宏定义描述寄存器地址的方法，在 C++ 中可以用 constexpr 代替如下（代码 6-16）：

代码6-16 constexpr代替define

```cpp
class GPIO
{
   public :

      //========================================================
      // Register Definition
      //========================================================

      //++++++++++++++++++++++++++++++++++++++++++++++++++++++++
      static constexpr uint32_t REG_CONTROL = 0x20000018;

      ...

};

//========================================================
```

```
// Access register using reinterpret_cast
//
// *reinterpret_cast<volatile uint32_t*>(GPIO::REG_CONTROL) = 0;
```

在代码 6-16 中，GPIO 类的控制寄存器地址由 static constexpr 来定义，而在访问该寄存器时，需要同时使用 reinterpret_cast 与 volatile。

和 C 语言中的宏定义相比，constexpr 可以描述更复杂的运算，特别是在编译时能确定静态值的函数，代码 6-17 就是用 constexpr 来静态定义余弦函数表。

代码6-17　用constexpr来静态定义余弦函数表

```
constexpr uint16_t cos_int (int i)
{
    return round(cos(static_cast <long double>(i)/2048 * 3.14159
/ 4) * 32767);
}


const std::array<uint16_t, 2048> cos_table{{
        cos_int(0),
        cos_int(1),
        cos_int(2),
        ...
        cos_int(2046),
        cos_int(2047)
}};
```

美中不足的是，代码 6-17 中的余弦函数查找表由于比较大（有 2 048 项），通常还需要通过 Script 的帮助自动产生这部分代码。如果想让这个余弦函数查找表由 C++ 全自动实现，则可以借助模板（Template）和类继承，如代码 6-18 所示。

代码6-18　用模板自动产生余弦函数表

```
#include <cmath>
#include <array>


template<typename T>
```

```cpp
constexpr T look_up_table_elem (int i)
{
    return {};
}


template<>
constexpr uint16_t look_up_table_elem (int i)
{
    return round(cos(static_cast<long double>(i)/2048*3.14159/
             4)*32767);
}


template<typename T, int... N>
struct lookup_table_expand{};

template<typename T, int... N>
struct lookup_table_expand<T, 1, N...>
{
    static constexpr std::array<T, sizeof...(N) + 1> values =
{{look_up_table_elem<T>(0), N... }};

};


template<typename T, int L, int... N> struct lookup_table_
expand<T, L, N...> : lookup_table_expand<T, L-1, look_up_table_
elem<T>(L-1), N...> {};


template<typename T, int... N>
constexpr std::array<T, sizeof...(N) + 1> lookup_table_
expand<T, 1, N...>::values;


const std::array<uint16_t, 2048> lookup_table = lookup_table_
expand<uint16_t, 2048>::values;
```

代码6-18 中的做法主要受到了 joshuanapol 在 GitHub 上相关代码的启发。其中，look_up_table_elem 是产生表项的主要函数。lookup_table_expand 则利用 template 和嵌套的类继承来生成整个表格，而 typename T 则可以让代码 6-18 处理包括整数在内的各种类型。

不过，许多编译器对这种 template 的循环嵌套都有一定的限制。以 GNU C++ 为例，当代码 6-18 中的表格变得很大时，它会给出下面的错误提示：

```
template instantiation depth exceeds maximum of …
```

对此可以通过 GNU C++ 的 -ftemplate-depth 编译器选项来增加 template 循环嵌套的深度，以消除上面的错误。

2. C++ 的静态编译检查

6.5.3 节介绍了用 C 语言间接实现静态编译检查的方法。而在 C++ 中，这种静态编译检查在语言层面得到了直接的支持。在 C++ 标准（2011 年版）中，可以用 static_assert 来代替 C_ASSERT 宏定义。

3. C++ 的内存对齐访问

6.5.2 节介绍了几个在 C 语言中检查内存对齐的宏定义，而在 C++ 中，编程语言本身就提供了这样的支持。

在 C++ 标准（2011 年版）中引入的 alignof 操作符可以被用来代替 6.5.2 节中的 TYPE_ALIGNMENT 宏定义，具体如代码 6-19 所示。

代码6-19　alignof

```
#define PACKED __attribute__((packed))

typedef struct {
    uint8_t x;
    uint32_t y;
    uint16_t z;
}PACKED STRUCT_XYZ;

static_assert(alignof(STRUCT_XYZ) == 1, "");
```

另外，在 C++ 标准（2011 年版）中还引入了 alignas 关键字，用来指导编译器将数据结构放置在内存地址边界，如代码 6-20 所示。

代码6-20　alignas

```
typedef struct alignas(128) {
    uint8_t x;
    uint32_t y;
    uint16_t z;
}STRUCT_XYZ;

alignas(128) STRUCT_XYZ xyz;

static_assert(alignof(STRUCT_XYZ) == 128, "");

int main()
{
    std::cout << "xyz is aligned to " << alignof(xyz);
}

//=============================================================
// Output:
//
//   xyz is aligned to 128
//
```

4. 利用函数对象来代替函数指针

函数指针在C语言中有广泛的运用，6.5.1节中的代码便是一个典型的例子。然而，函数指针只是函数的入口地址，其无法包含任何状态信息，而C++中函数对象则比函数指针提供了更丰富的功能。本质上，函数对象是一个将"()"操作符重载的类，它可以用成员变量来存储更多的信息，如代码6-21所示。

代码6-21　函数对象

```
class func_obj_add_sub
{
    public:
        func_obj_add_sub (int mode): _mode {mode} {};
```

```cpp
        int operator() (const int a, const int b)
        {
                if (_mode == 0) {
                        _mode = 1;
                        return a + b;
                } else {
                        _mode = 0;
                        return a - b;
                }
        }
    private:
        int _mode;
};

int main()
{
    auto add = [](const int a, const int b){return a + b;};
    auto sub = [](const int a, const int b){return a - b;};

    func_obj_add_sub add_sub{0};

    std::cout << "1st call " << add_sub (6, 4) << "\n";
    std::cout << "2nd call " << add_sub (6, 4) << "\n";
    std::cout << add (6, 4) << " " << sub (6, 4) << "\n";

}
```

在代码 6-21 中，func_obj_add_sub 类重载了"()"操作符，来生成 Function add_sub。每次调用 add_sub 时，其内部操作模式（_mode）都会被反转。由于函数对象比函数指针提供了更多的功能，而并不增加代码开销或影响执行效率，是一个很好的替代函数指针的工具。

C++ 中引入的 Lambda 表达式，可以很方便地被用来生成小型的匿名函数。代码 6-21 中的 add 和 sub 函数便是一个很好的样例。

6.6.3　C++ 语言引入的新概念和新方法

1. RAII (Resource Acquisition is Initialization，资源获取即初始化)

C 语言经常为人诟病的地方就是它的内存资源管理，C 语言中的内存资源管理完全依靠程序员的自律。在中大型项目中，如果管理协调不慎，则经常会出现内存泄漏的情况。对此，Java 的应对之道是采用内存的"垃圾回收"机制（Garbage Collection），但是对底层的嵌入式软件来说，要高效地实现"垃圾回收"并不是一件容易的事情。而 C++ 的做法是将内存资源管理和对象的生命周期相结合，当一个对象被创建时，这个对象的 constructor（构造）函数会被调用，内存资源会被分配；而当对象的生命周期结束时，其 destructor（析构）函数会被隐式（implicitly）调用，内存资源会被释放。这种做法通常被称为 RAII，如代码 6-22 所示。相对"垃圾回收"，RAII 更适合在嵌入式系统的底层软件中实现。

代码6-22　RAII

```
{
    // 对象被创建，constructor 函数被调用
    class_name obj {initializer_list};

    //
    // do something
    //

} // 对象生命周期结束，destructor函数被调用
```

RAII 的优点是内存资源的获取和释放都被包含在同一个对象中，而不是像 C 语言散布在代码的各处。另外，destructor 并不需要被显式（explicitly）调用。在代码 6-22 中，destructor 函数会在代码运行至最后一个花括号时被调用，即对象的生命周期结束的时刻。

如果开发者需要动态分配和释放内存，通常也可以在 constructor 和 destructor 中进行。为此，C++ 标准（2011 年版）还在其标准库中提供了智能指针，例如 std::unique_ptr 和 std::shared_ptr 等。

> **提示**：C++ 标准模板库（Standard Template Library，STL）中的某些 template 类可能会偷偷地进行动态内存的分配。例如向量类 std::vector，其可以无限地动态增加内存大小，而在向量长度动态增加时，必然也会动态地分配内存。如果内存资源不足，动态内存的分配有可能被阻塞。在某些场景下，例如 ISR（中断响应程序），阻塞的函数调用会令系统死锁，因此在使用这类 template 类时，需要加以小心。

对 std::vector 来说，如果应用场景不能容忍阻塞操作，可以有下面两种代替方案。

（1）使用固定大小的 template 类，例如 std::array，以避免内存的动态分配。

（2）如果不能完全避免使用 std::vector，则可以使用 placement new 从一个预先确定的内存池里进行分配，这样对分配可以有更多的控制。

一般来说，在嵌入式系统的底层软件中，应该尽量避免动态内存资源分配，以使系统更加具有确定性。如果动态内存分配不能完全避免，也应尽量避免使用标准库中提供的分配函数，而代之以独立管理的内存池，以简化系统设计。

2. 模板和重载

在 C++ 中还引入了模板（Template）和重载（Overloading）的概念。而重载又包括函数重载（Function Overloading）和操作符重载（Operator Overloading）。基于模板和重载，又引申出了两个新的概念：泛型编程和元编程。

1）泛型编程

也许计算机科学家们对泛型编程有更严格的定义，但是就本书所涉及的实际情况，泛型编程可以大致认为是"在不涉及具体数据类型的情况下编程"。而最终实际的数据类型会在模板实例化时再给出（在代码编译时静态地确定）。

泛型编程可以使代码变得简洁。假设需要函数来确定的 $-x \cdot y$ 的值，而 x 与 y 既可以是整数，又可以是复数。如果用 C 语言来处理这个问题，开发者通常会

对整数和复数各编写一个函数，例如在代码 6-23 中，mult_neg_int() 和 mult_neg_complex() 函数会分别处理整数和复数运算。

代码6-23　C语言风格的非泛型编程方案

```
typedef struct {
    int x;
    int y;
}MY_COMPLEX;

int mult_neg_int (int x, int y)
{
    return x * y * (-1);
}

MY_COMPLEX mult_neg_complex (MY_COMPLEX *pa, MY_COMPLEX *pb)
{
    MY_COMPLEX tmp;
    tmp.x = (pa->y) * (pb->y) - (pa->x) * (pb->x);
    tmp.y = -((pa->x) * (pb->y) + (pa->y) * (pb->x));

    return tmp;
}
```

如果采用代码 6-23 中 C 语言风格的方案，则在实际计算时需要用人工方式对数据类型做出判定，并调用相应的函数。当数据类型或者涉及的操作种类比较多时，这种方式会非常烦琐，也很容易导致错误的发生。

如果采用模板和重载，则可以采用 C++ 风格的泛型编程方案，如代码 6-24 所示。

代码6-24　C++风格的泛型编程方案

```
#include <iostream>

class my_complex
{
```

```cpp
public:

        explicit my_complex(int x) : _x {x}, _y {0}
        {
        }

        explicit my_complex(int x, int y) : _x {x}, _y {y}
        {
        }

        friend my_complex operator*(const my_complex &a,
                                    const my_complex &b)
        {
                int x, y;

                x = a._x * b._x - a._y * b._y;
                y = a._x * b._y + a._y * b._x;

                my_complex tmp{x, y};

                return tmp;
        }

        friend std::ostream& operator<<(std::ostream& os,
                                        const my_complex& a)
        {
                return os << "(" << a._x <<", " << a._y <<")\n";
        }

    private :
        int _x, _y;

};


template <typename T>
T mult_neg (const T& a, const T& b)
{
```

```
    T minus_one{-1};

    return (a * b * minus_one);
}

int main()
{

    my_complex aaa{1,2};
    my_complex bbb{3,7};

    int t = mult_neg(2,3);
    my_complex ccc = mult_neg(aaa, bbb);
    //my_complex ddd = mult_neg(bbb, aaa);

    std::cout << t << "\n";
    std::cout << ccc << "\n";
}
```

在代码 6-24 中，整数类型和复数类型都由同一个 mult_neg() 函数来处理，而
这个 mult_neg() 函数在没有具体数据类型的情况下，通过模板完成了运算的描述。
具体的运算，则通过对乘法运算符的重载来完成。对于复数类型，代码 6-24 还为
其重载了流输出运算符 "<<"，以输出复数的正确打印显示。

另外，代码 6-24 中还为复数重载了 constructor 函数。其中的一个函数只有一
个输入参数，并默认复数的虚部为 0。通过这个 constructor 函数，可以将"负一"
转化为复数类型。

在代码 6-24 中，编译器会自动根据 mult_neg() 函数的输入参数来决定实际需
要调用的函数。相比代码 6-23 中的做法，代码 6-24 的自动化程度更高，也更简洁，
最终二者可能在运算效率上也非常接近。

2）元编程

从实际角度出发，元编程在 C++ 中可以被看作以模板为主要手段，静态地产
生代码（而不是就事论事地编写代码），代码 6-18 便是一个典型的例子。如果元

编程遭到滥用，则容易导致代码晦涩难懂；如果使用不当，则会令目标代码变得臃肿。

> **说明**：笔者一直坚持在嵌入式系统编程时采用泛型编程。由于代码只在模板样例化时才会产生，所以和实现同等功能的 C 语言代码相比，泛型编程并不会产生额外的目标代码。这使得泛型编程在源代码上可以比 C 语言更简洁，但又不损失执行效率。
>
> 不过笔者并不是很喜欢元编程，由于其代码的维护较难，在嵌入式系统编程时，应限制其使用的规模，防止滥用。

3. 错误处理

错误处理（Error Handling）是所有嵌入式系统编程都会遇到的问题。在 C 语言中，对错误的一般处理方式是当错误发生时，由函数返回一个错误代码，然后由错误处理程序做进一步的处理，如代码 6-25 所示。

代码6-25　根据错误代码做处理

```
error_code = my_process(x, y, z);

if (error_code!= 0) {
    switch (error_code) {
        // 根据错误代码做处理
    }
}
```

而 C++ 中则引入了异常（exception）机制，当错误发生时，函数会抛出一个异常，然后在外层代码中捕获这个异常，如代码 6-26 所示。

代码6-26　异常

```
try {
    my_process(x, y, z); // 当错误发生时抛出异常

} catch(…) {
```

```
    // 根据异常类型做处理

}
```

然而，这种 try-catch exception 的错误处理方式对嵌入式系统的底层软件（特别是裸金属系统）并不适用。因为 C++ 的异常处理除了令目标代码变大，还会令错误处理变得难以预测。异常会从内层代码传导到外层代码，只有检测所有的代码后，才能确定到底是哪一层代码最终捕获了相关的异常。而对于底层代码来说，将错误扩散处理并不利于系统的稳定，对和硬件直接交互的代码来说尤为如此。

所以，对于嵌入式系统的错误处理，无论 C 语言还是 C++，都应该采用传统的"依据返回的错误代码做相应处理"的方式（代码 6-25）。这种方式虽然相对烦琐，但却简单可靠。

4. 面向对象编程

C++ 在众多的面向对象的编程语言中具有极其重要的地位。在面向对象的三个基本概念 [封装（Encapsulation）、多态（Polymorphism）、继承（Inheritance）] 中，封装在嵌入式系统中的应用尤为广泛。C 语言的模块封装方式，在 C++ 中可以用类（Class）更好地替代。在后文介绍 Arduino 时会提到，大部分的 Arduino Library 实际上都是采用 C++ 的类库封装。

6.7 MAKE

由于 C/C++ 是嵌入式系统的主要编程语言，使得 Make Utility（编译工具）也相应成为了自动化编译和链接的主要工具。Make Utility 包含的内容很多，而作为 FARM 开发模式的 "M" 部分，本书会从实用的角度出发，介绍两种 Makefile 的写法。这两种写法也是笔者自己在工程实践中经常用到的。

6.7.1 支持增量编译的 Makefile（Makefile for Incremental Build）

在工程实践中，最简单的编译方法是每次都将全部的源文件编译一遍，重新产生所有的目标文件。当源文件数目较多时，这种做法的效率不高。更好的做法是仅编译修改过的源文件，并重新链接产生最终的目标文件。

如果某头文件被修改，如何找到 include 这个头文件的所有 .c/.cpp 文件呢？仅表面地检查 .c/.cpp 文件的 include 部分可能还不完备，这个修改过的头文件可能被其他的头文件 include 之后，再被某些 .c/.cpp 文件间接地 include。

对此，业界常用的处理方式是利用 C/C++ 编译器的预处理选项"-M"产生头文件的依赖关系信息，并用 sed 脚本简单处理后，产生对应的临时文件（一般以 .d 结尾，表示依赖关系）。这些 .d 文件会被 Makefile 作 include，以间接产生 Makefile 需要的目标和前提。代码 6-27 便是该处理方式的一个样例。实际上，这个样例来自于本书代码资源 Arduino_RISCV_IDE-master.zip 里的 Make/led_uart/Makefile。

代码6-27　支持增量编译的Makefile

```
RISCV_PREFIX = riscv-none-embed-

CC  = $(RISCV_PREFIX)gcc
CXX = $(RISCV_PREFIX)g++
AS  = $(RISCV_PREFIX)as
LD  = $(RISCV_PREFIX)gcc
OBJDUMP = $(RISCV_PREFIX)objdump

CFLAGS = -I. -I../../PulseRain_RISCV/Reindeer/cores/Reindeer
-I../../PulseRain_RISCV/Reindeer/variants/generic

CFLAGS += --specs=nosys.specs -march=rv32i -mabi=ilp32 -Os
-fno-builtin-printf -fdata-sections -ffunction-sections -fno-
exceptions -fno-unwind-tables -fno-rtti

CFLAGS += -W -DVMAJOR=1 -DVMINOR=1 -D__GXX_EXPERIMENTAL_
CXX0X__

LDFLAGS = -T ./Reindeer.ld --specs=nosys.specs -march=rv32i
-mabi=ilp32 -Os -fdata-sections -ffunction-sections -Wl,--gc-
```

```
sections -static -fno-exceptions -fno-unwind-tables -fno-rtti

#pattern rule


#== Put all the object files here
obj = ../../PulseRain_RISCV/Reindeer/cores/Reindeer/main.o \
      ../../PulseRain_RISCV/Reindeer/cores/Reindeer/Print.o \
      ../../PulseRain_RISCV/Reindeer/cores/Reindeer/Stream.o \
      ../../PulseRain_RISCV/Reindeer/cores/Reindeer/HardwareSerial.o \
      ../../PulseRain_RISCV/Reindeer/cores/Reindeer/Reindeer.o


obj += ./sketch.o

target = step.elf
dump = $(patsubst %.elf,%.dump,$(target))



all: $(obj)
    @echo "====> Linking $(target)"
    @$(LD) $(LDFLAGS) $(obj) -o $(target)
    @chmod 755 $(target)
    @echo "===> Dumping sections for $@"
    @$(OBJDUMP) --disassemble-all --disassemble-zeroes --
section=.text --section=.text.startup --section=.data
--section=.rodata --section=.sdata --section=.sdata2 --
section=.init_array --section=.fini_array $(target) > $(dump)



%.o : %.c
    @echo "===> Building $@"
    @echo "============> Building Dependency"
    @$(CC) $(CFLAGS) -M $< | sed "s,$(@F)\s*:,$@ :," > $*.d
    @echo "============> Generating OBJ"
    @$(CC) $(CFLAGS) -c -o $@ $<; \
    if [ $$? -ge 1 ] ; then \
```

```
        exit 1; \
    fi
    @echo "-----------------------------------------------------"

%.o : %.cpp
    @echo "===> Building $@"
    @echo "============> Building Dependency"
    @$(CXX) $(CFLAGS) -M $< | sed "s,$(@F)\s*:,$@ :," > $*.d
    @echo "============> Generating OBJ"
    @$(CXX) $(CFLAGS) -c -o $@ $<; \
    if [ $$? -ge 1 ] ; then \
        exit 1; \
    fi
    @echo "-----------------------------------------------------"



dependency = $(patsubst %.o,%.d,$(obj))

ifneq "$(MAKECMDGOALS)" "clean"
    -include $(dependency)
endif



clean :
    -@rm -vf $(target)
    -@find . -type f \( -name "*.riscv" -o -name "*.d" -o -name
"*.o" -o -name "*.lst" -o -name "*.dump" \
    -o -name "*.bin" -o -name "*.out" -o -name "*.elf" \) -exec
rm -vf {} \;



.PHONY: clean all
```

从代码 6-27 可以看到，C 或 C++ 源文件的编译都分为两步。

（1）用"-M"编译器预处理来产生 .d 文件（建立依赖关系）。

对 C 语言的源文件，采取的做法是：

```
@echo "===========> Building Dependency"
@$(CC) $(CFLAGS) -M $< | sed "s,$(@F)\s*:,$@ :," > $*.d
```

这里的 sed 脚本主要是用来将路径信息加到"-M"预处理的结果上。

（2）代码编译，产生目标文件。

当编译失败时，自动退出：

```
@echo "===========> Generating OBJ"
@$(CC) $(CFLAGS) -c -o $@ $<; \
if [ $$? -ge 1 ] ; then \
    exit 1; \
fi
```

而第一步中产生的 .d 文件，则由 Makefile 做 include，以产生 Make 需要的目标和前提：

```
dependency = $(patsubst %.o,%.d,$(obj))

ifneq "$(MAKECMDGOALS)" "clean"
    -include $(dependency)
endif
```

代码 6-27 中展示的这个 Makefile，实际上可以被用来代替 Arduino IDE，对 Sketch（Arduino IDE 中的工程文件代码）做命令行编译，以方便实现编译的脚本化和自动化。Makefile 中所使用的 RISC-V 交叉编译器（riscv-none-embed-）来自于 GNU MCU Eclipse。

在 Windows 平台中，代码 6-27 中的 Makefile 可以在 cygwin（http://www.cygwin.com/）环境下工作。

6.7.2　支持内核配置语言的 Makefile

支持增量编译的 Makefile 可以很好地适应中小规模的项目。但是，当项目规模进一步增大时，对项目编译进行多种配置的需求也会相应增加，对 C/C++ 来说，这意味着代码会根据不同的宏定义做条件编译。对此，开发者可以在 Makefile 中加入更多的目标，并通过命令行的方式直接对这些宏定义进行设置。但是命令行的方式非常烦琐，而且编译配置者很可能对这些宏定义的了解不如开发者那样深刻。当这些条件编译的宏定义数量随项目规模而增加时，编译设置会变得越来越麻烦。

这个问题也一度困扰着 Linux Kernel 的开发人员。在 Linux Kernel 的早期版本中（2.5 版以前），编译配置是通过 Tcl 脚本来进行的。当给内核中增加新的模块时，同时也要直接修改 Tcl 脚本，使得该方法缺乏通用性。

于是，从 Linux Kernel 2.5 版开始，开发者为此专门设计了一套内核配置语言（Kernel Build Language），和这套语言配套的编译配置系统被称为 Kconfig。Kconfig 的优点如下：

（1）Kconfig 本身是一套完全独立于 Linux Kernel 的编译配置系统，它还可以被其他的非 Linux 项目所采用（后文的 Zephyr 操作系统也采用了 Kconfig 做编译配置）。

（2）Kconfig 还支持多种图形菜单界面，而无需手工修改编译宏定义，从而大幅提高了编译配置的效率，并简化了编译配置的流程。

如图 6-1 所示，在使用 Kconfig 之前，需要先用内核配置语言撰写一个叫作 Config.in 的文件。这个文件实际上可以看作是一个菜单项与宏定义的描述文件，其中每一个末端菜单项都会对应一个宏定义，菜单项可以是字符串输入框、复选框等。不同的菜单项之间有依赖关系，可方便设计多层菜单。

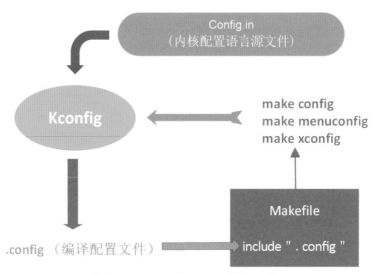

图6-1　Kconfig与Makefile协同工作

　　Kconfig 则会依据 Config.in 文件来产生文本或图形界面的配置菜单。Kconfig 支持的菜单形式（通常和 Makefile 的目标对应）主要有 4 种，它们都基于同一个 Config.in 文件。

　　（1）config。

　　纯文本命令行菜单，见图 6-3。

　　（2）menuconfig。

　　文本形式菜单，需要 ncurse 库的支持，见图 6-4。

　　（3）gconfig。

　　图形界面菜单，需要 GTK 库的支持。

　　（4）xconfig。

　　图形界面菜单，需要 Qt 库的支持，见图 6-5。

　　当用户使用菜单完成配置后，Kconfig 会将结果存入一个名叫 .config 的文件。该文件实际上包含了所有用户设置的宏定义值，然后 Makefile 会包含该文件，并根据这些宏定义设置编译选项。

本书会继续 6.7.1 节中的例子，将代码 6-27 中的 Makefile 升级，以支持内核配置语言。完整的代码可以在本书代码资源 Arduino_RISCV_IDE-master.zip 中的 Make/led_uart/gui_make 下面找到。

这些代码已经在 Windows 平台下用 Cygwin-X 进行了验证，其支持 config、menuconfig 和 xconfg 三种形式的菜单显示。它们对应的目录结构如图 6-2 所示。

顶层目录
Config.in, Makefile, Rules.mak

Kconfig 工作目录
Makefile for Kconfig

Kconfig 源文件

图6-2　目录结构

在图 6-2 中，和具体项目相关的文件（Config.in、Makefile、Rules.mak）都在顶层目录中，而 config 目录下的文件（包括脚本目录）都直接来自 Linux 内核源代码中的 Kconfig 部分。在本书创作之际，最新的 Linux Kernel 是 5.1.7 版本，上面的例子中 Kconfig 代码都直接来自于这一版本。

图 6-2 中顶层目录的 Config.in 文件的样例如代码 6-28 所示。

代码6-28　Config.in

```
mainmenu "Sketch Configuration"

config HAVE_DOT_CONFIG
    bool
    default y
```

```
#===============================================================
#  Sketch Version
#===============================================================


menu "About"

config VENDOR_NAME
    string "Vendor Name"
    default "PulseRain Technology, LLC"
    help
        Name of the Vendor

config VMAJOR_STR
    string "Major Version"
    default "01"
    help
      Major Version for the firmware

config VMINOR_STR
    string "Minor Version"
    default "00"
    help
      Minor Version for the firmware

config REVISION_STR
    string "Revision"
    default "01"
    help
      Revision for the firmware


endmenu

#===============================================================#
#  Tools Setup
#===============================================================


menu "Tools Setup"
```

```
config CROSS_COMPILER_PREFIX
    string "Cross Compiler prefix"
    default "riscv-none-embed-"
    help
        Cross compiler pre-fix

endmenu

#=========================================================
#  Config the sketch
#=========================================================

menu "Sketch Configuration"

config PRINT_INTERVAL
    int "Print Interval"
    default 1000
    help
            Print Interval

comment "================================="

config LED_START_PATTERN
    hex "LED Start Pattern"
    default AB
    help
            LED Start Pattern

endmenu
```

在代码 6-28 中，共有三个一级菜单，分别是 About（关于）、Tools Setup（工具设置）和 Sketch Configuration（文件配置）。所有的末端菜单项都对应一个宏定义的名称，如 VENDOR_NAME、CROSS_COMPILER_PREFIX 等，这些宏定义所对应的值会在 Rules.mak 中被用到。根据代码 6-28 所产生的纯文本命令行菜单、文本菜单和图形界面菜单分别如图 6-3～图 6-5 所示。

/cygdrive/c/github/Arduino_RISCV_IDE/Make/led_uart/gu...   —   □   ×

Main Options   **VT Options**   **VT Fonts**

```
lenovo@think /cygdrive/c/github/Arduino_RISCV_IDE/Make/led_uart/gui_make
$ make config
make[1]: Entering directory '/cygdrive/c/github/Arduino_RISCV_IDE/Make/led_uart/
gui_make/config'
make[2]: Entering directory '/cygdrive/c/github/Arduino_RISCV_IDE/Make/led_uart/
gui_make/config'
scripts/kconfig/conf  --oldaskconfig /cygdrive/c/github/Arduino_RISCV_IDE/Make/l
ed_uart/gui_make/Config.in
*
* Sketch Configuration
*
* About
*
Vendor Name (VENDOR_NAME) [PulseRain Technology, LLC]
Major Version (VMAJOR_STR) [01]
Minor Version (VMINOR_STR) [00]
Revision (REVISION_STR) [01]
*
* Tools Setup
*
Cross Compiler prefix (CROSS_COMPILER_PREFIX) [riscv-none-embed-] █
```

图6-3   命令行配置

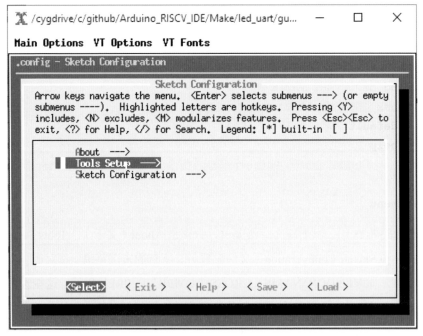

图6-4   菜单配置

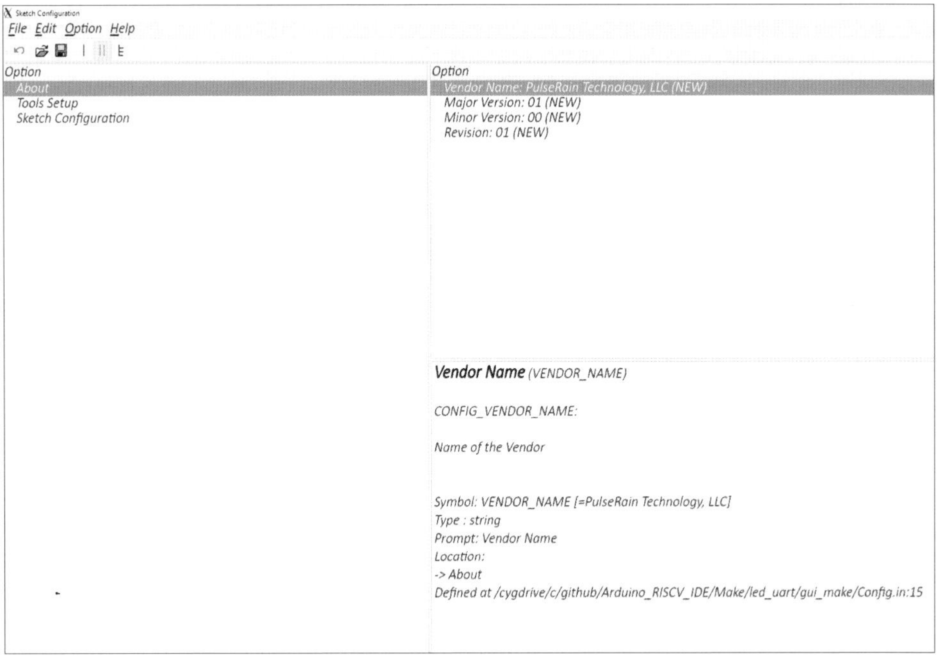

图6-5　图形化配置

当用户通过上面的菜单完成设置后，其结果会被存放在 config（图 6-2）下的 .config 文件中。代码 6-29 展示了一个由 Kconfig 自动生成的 .config 文件的样例。在 Config.in（代码 6-28）中定义的宏在 .config 中都被加上了 "CONFIG_" 的前缀，而这个 .config 文件会被 Makefile 所 include，如代码 6-30 所示。

代码6-29　.config文件样例

```
#
# Automatically generated file; DO NOT EDIT.
# Sketch Configuration
#
CONFIG_HAVE_DOT_CONFIG=y

#
# About
#
CONFIG_VENDOR_NAME="PulseRain Technology, LLC"
CONFIG_VMAJOR_STR="01"
```

```
CONFIG_VMINOR_STR="02"
CONFIG_REVISION_STR="01"


#
# Tools Setup
#
CONFIG_CROSS_COMPILER_PREFIX="riscv-none-embed-"


#
# Sketch Configuration
#
CONFIG_PRINT_INTERVAL=1000


#
# ======================================
#
CONFIG_LED_START_PATTERN=AB
```

代码6-30　支持Kconfig的Makefile

```
TOPDIR := $(shell pwd)

export TOPDIR



config_targets := menuconfig config xconfig
config_folder_name := config

# Pull in the user's configuration
ifeq (,$(filter $(config_targets),$(MAKECMDGOALS)))
    -include $(TOPDIR)/$(config_folder_name)/.config
endif

################################################################
ifeq ($(strip $(CONFIG_HAVE_DOT_CONFIG)),y)

        include $(TOPDIR)/Rules.mak
```

```
################################################################
else # need to be configured

$(config_targets):
    @make -C $(config_folder_name) $(MAKECMDGOALS)

.PHONY: $(config_targets)

endif
```

在代码 6-30 展示的 Makefile 中，定义了三个菜单的目标，分别对应图 6-3、图 6-4 和图 6-5。如果 .config 文件存在，则会被 include 进来：

```
# Pull in the user's configuration
ifeq (,$(filter $(config_targets),$(MAKECMDGOALS)))
    -include $(TOPDIR)/$(config_folder_name)/.config
endif
```

代码 6-28 中的 Config.in 定义了一个 HAVE_DOT_CONFIG 宏。相应地在代码 6-29 中，这个宏被加上了 "CONFIG_" 的前缀：

```
#
# Automatically generated file; DO NOT EDIT.
# Sketch Configuration
#
CONFIG_HAVE_DOT_CONFIG=y
```

这个 CONFIG_HAVE_DOT_CONFIG 宏则在 Makefile 中被用来判定 .config 的存在与否。如果 .config 存在，则会 include 一个叫作 Rules.mak 的文件：

```
ifeq ($(strip $(CONFIG_HAVE_DOT_CONFIG)),y)

    include $(TOPDIR)/Rules.mak
```

而 Rules.mak 文件则是对代码 6-27 中的 Makefile 的改进，增加了对 .config（代

码6-29）中宏定义的引用（代码6-31）。

代码6-31　Rules.mak

```
ifndef TOPDIR
    TOPDIR := ..
endif

config_targets ?= menuconfig config xconfig
config_folder_name ?= config

#check to see if we need to include ".config"
ifneq ($(strip $(CONFIG_HAVE_DOT_CONFIG)),y)

    ifeq (,$(filter $(config_targets), "$(MAKECMDGOALS)"))
        -include $(TOPDIR)/$(config_folder_name)/.config
    endif

endif

ifeq ($(strip $(CONFIG_HAVE_DOT_CONFIG)),y)
    config_file := $(TOPDIR)/$(config_folder_name)/.config
else
    config_file :=
endif

HOST_CC ?= gcc
CROSS ?= $(strip $(subst ",, $(CONFIG_CROSS_COMPILER_PREFIX)))

CROSS_CC ?= $(CROSS)gcc
CROSS_CXX ?= $(CROSS)g++
CROSS_AS ?= $(CROSS)as
CROSS_AR ?= $(CROSS)ar
CROSS_LD ?= $(CROSS)gcc
CROSS_NM ?= $(CROSS)nm
CROSS_STRIP ?= $(CROSS)strip
CROSS_OBJDUMP = $(CROSS)objdump
```

```makefile
VMAJOR ?= $(strip $(subst ",, $(CONFIG_VMAJOR_STR)))
VMINOR ?= $(strip $(subst ",, $(CONFIG_VMINOR_STR)))
REVISION ?= $(strip $(subst ",, $(CONFIG_REVISION_STR)))
VENDOR_NAME ?= $(strip $(CONFIG_VENDOR_NAME))

CFLAGS += -DVMAJOR=$(VMAJOR) -DVMINOR=$(VMINOR)
CFLAGS += -DVENDOR_NAME=$(VENDOR_NAME)

CFLAGS = -I. -I../../../PulseRain_RISCV/Reindeer/cores/
Reindeer -I../../../PulseRain_RISCV/Reindeer/variants/generic
CFLAGS += --specs=nosys.specs -march=rv32i -mabi=ilp32 -Os
-fno-builtin-printf -fdata-sections -ffunction-sections -fno-
exceptions -fno-unwind-tables -fno-rtti
CFLAGS += -W -D__GXX_EXPERIMENTAL_CXX0X__

LDFLAGS = -T ../Reindeer.ld --specs=nosys.specs -march=rv32i
-mabi=ilp32 -Os -fdata-sections -ffunction-sections -Wl,--gc-
sections -static -fno-exceptions -fno-unwind-tables -fno-rtti

#pattern rule

#== Put all the object files here
obj =../../../PulseRain_RISCV/Reindeer/cores/Reindeer/main.o \
    ../../../PulseRain_RISCV/Reindeer/cores/Reindeer/Print.o \
    ../../../PulseRain_RISCV/Reindeer/cores/Reindeer/Stream.o \
    ../../../PulseRain_RISCV/Reindeer/cores/Reindeer/HardwareSerial.o \
    ../../../PulseRain_RISCV/Reindeer/cores/Reindeer/Reindeer.o

obj += ../sketch.o

target = step.elf
dump = $(patsubst %.elf,%.dump,$(target))

all: $(obj)
    @echo "====> Linking $(target)"
    @$(CROSS_LD) $(LDFLAGS) $(obj) -o $(target)
```

```
        @chmod 755 $(target)
        @echo "===> Dumping sections for $@"
        @$(CROSS_OBJDUMP) --disassemble-all --disassemble-
zeroes --section=.text --section=.text.startup --section=
.data --section=.rodata --section=.sdata --section=.sdata2
--section=.init_array --section=.fini_array $(target) > $(dump)


%.o : %.c
        @echo "===> Building $@"
        @echo "============> Building Dependency"
        @$(CROSS_CC) $(CFLAGS) -M $< | sed "s,$(@F)\s*:,$@ :," > $*.d
        @echo "============> Generating OBJ"
        @$(CROSS_CC) $(CFLAGS) -c -o $@ $<; \
        if [ $$? -ge 1 ] ; then \
                exit 1; \
        fi
        @echo "-----------------------------------------------------"


%.o : %.cpp
        @echo "===> Building $@"
        @echo "============> Building Dependency"
        @$(CROSS_CXX) $(CFLAGS) -M $< | sed "s,$(@F)\s*:,$@ :," > $*.d
        @echo "============> Generating OBJ"
        @$(CROSS_CXX) $(CFLAGS) -c -o $@ $<; \
        if [ $$? -ge 1 ] ; then \
                exit 1; \
        fi
        @echo "-----------------------------------------------------"


dependency = $(patsubst %.o,%.d,$(obj))


ifneq "$(MAKECMDGOALS)" "clean"
        -include $(dependency)
endif


clean :
        -@rm -vf $(target)
```

```
        -@find . -type f \( -name "*.riscv" -o -name "*.d" -o -name
"*.o" -o -name "*.lst" -o -name "*.dump" \
                        -o -name "*.bin" -o -name "*.out" -o
-name "*.elf" \) -exec rm -vf {} \;


.PHONY: clean all
```

和代码 6-27 相比，代码 6-31 根据 .config 中的那些带 "CONFIG_" 前缀的宏定义来确定交叉编译器和编译时的条件选项。根据项目的具体情况，Config.in 和 Rules.mak 需要相应地做一些定制化，而代码 6-30 中的 Makefile 则可以保持不变。

第 7 章

嵌入式操作系统的移植

Coming together is a beginning, staying together is progress, and working together is success.

Henry Ford,

The Founder of the Ford Motor, 1863—1947

"堆成一堆"是开头，"合为一体"是过程，"协调一致"才是成功。

亨利·福特，

福特汽车创始人，1863—1947

7.1 嵌入式操作系统的分类

嵌入式系统的一个主要特征是其软硬件的组成和应用场景形形色色，种类繁多。从嵌入式软件的工作方式来说，可以把它们分为三类。

7.1.1 裸金属系统

在许多低端的嵌入式系统中，其使用的微处理器性能相对较弱，内存也较小，例如大部分采用8051单片机作为主控制器的系统都属于这一类型。而这类低端的系统都是裸金属系统，其软件直接与硬件交互，而没有操作系统的支持。对于其中某些系统，可能会包含一个硬件抽象层，以提高用户代码的可移植性，如图7-1所示。

用户代码

硬件抽象层(HAL)

硬件

图7-1　裸金属系统

对于这类裸金属系统，其软件运行多采用Setup（设置）/Loop（循环）的方式。在Loop循环中，各个任务依次逐个运行。而在Loop循环开始之前，可以有一个设置的过程，如图7-2所示。对于异步发生的事件，例如用户按键输入等，则可以通过中断处理程序来处理，Arduino系统就采用了这种方式。

对于这类异步事件，也可以放在Loop中查询处理，不过整个Loop的处理延迟都会被加到该事件查询的周期上。如果Loop中的任务过多，则会造成严重的响应延迟，除了改用上面提到的中断方式处理外，还可在硬件上加以改进（可以将这些异步的输入输出数据先放入硬件FIFO中，以减少对响应时间的要求等）。

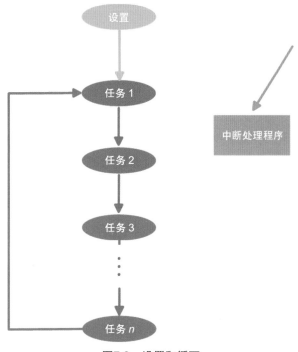

图7-2 设置和循环

对于裸金属系统的这种 Loop 循环的方式，其优点是简单实用，缺点是其运行效率不高。当需要处理的总任务很多时，即使许多任务处于空闲状态，但每个任务的响应延迟还是会根据总任务数呈线性增加。

7.1.2 实时操作系统

实时操作系统通常适用于应用场景比较单一的嵌入式系统。一般来说，这类操作系统有如下特点：

- 操作系统的内核较小，通常小于 100 KB。

- 消耗的硬件资源较少。

- 应用程序和操作系统内核通常合在一起，成为同一个映像。

- 线程 / 进程的数目固定。

- 通常不使用 MMU。

后文提到的 Zephyr 操作系统也属于这种类型。

7.1.3 通用操作系统

通用操作系统有如下特点：

- 操作系统的内核较大，通常大于 100 KB。

- 消耗的硬件资源较多。

- 应用程序和操作系统内核分开。

- 线程/进程的数目随应用而变化。

- 通常需要 MMU 的支持。

著名的 Linux 操作系统便属于这种类型。

7.2 Zephyr操作系统的RISC-V移植

在本章的后半部分，会以 Zephyr 操作系统为例，重点介绍如何将实时操作系统（RTOS）移植到支持 RISC-V 的处理器上（类似 Linux 这样的通用操作系统不在本书的讨论范围之内）。

7.2.1 Zephyr 操作系统简介

Zephyr 操作系统是 Linux 基金会旗下的一个开源软件项目（Linux Foundation Project），其源自于 Wind River 公司的商用操作系统 VxWorks。它是一个针对物联网应用的实时操作系统，其代码量较小，对硬件资源的消耗也比较少。它的许多应用（包括应用程序与内核）可以在 64 KB 以下的内存中运行。

由于这些特点，**Zephyr** 得到了包括 Intel、TI 在内的众多硬件厂商的支持。本书会以 Zephyr 1.13.0 版为蓝本，介绍如何将其移植到 PulseRain Reindeer RISC-V 软核处理器上。

移植后的完整代码，可以在本书代码资源 zephyr-Reindeer-Zephyr-V1.0.0.zip 中找到（上面的源代码是 Zephyr 1.13 版本的一个分支，需要在 Linux 环境下用 Zephyr SDK 进行编译）。

和 Linux Kernel 一样，Zephyr 也采用 Kconfig 系统作为其配置的工具。在移植过程中，需要在 Kconfig 菜单下加入与 PulseRain Reindeer 处理器相关的菜单项（新的处理器和新的开发板）。除此以外，整个移植工作包括如下的几个主要任务：

- 增加对串行口的支持，提供串口的驱动程序。

- 修改设备树（Device Tree）。

- 中断的设置。

- 编译器的支持（编译选项和链接脚本的修改）。

上面这些步骤也是其他实时操作系统的移植过程需要经历的。

7.2.2 串行口的支持

以笔者的经验，大部分嵌入式系统都需要用串行口来建立串行口，以输出调试信息。通常在软件移植时，根据系统的不同，串行口有两种处理方式。

1. 替换默认的 _write() 函数

在许多小型的系统中，所有的输出打印函数，例如 printf()、putchar() 等，最终都会调用一个底层的输出函数。这个底层输出函数通常以 _write() 命名（也可能是其他的名字，例如 syscall(…) 等）。当移植时，开发者只要提供一个新的 _write() 函数对串行口输出即可，通常系统默认的那个 _write() 函数有 weak 的链接属性。当有两个 _write() 函数时，默认的那个 _write() 函数在链接时会被新的 _write() 函数所替代，而不会引起编译链接错误。

2. 将串行口作为一个标准外设，并为该外设提供驱动程序

Zephyr 采用的便是这种方式。PulseRain Reindeer 串行口的寄存器控制地址是

0x20000010，这个地址会被登记在设备树（Device Tree）中，如代码 7-1 所示（在代码 7-1 的设备树中还登记了内存地址的分配，但是却没有登记定时器地址）。

代码7-1　设备树(Device Tree)样例

```
#include "skeleton.dtsi"

/ {
    cpus {
            #address-cells = <1>;
            #size-cells = <0>;

            cpu@0 {
                    device_type = "cpu";
                    compatible = "qemu,riscv32";
                    reg = <0>;
            };

    };

    flash0: flash@80000000 {
            reg = <0x80000000 0x4000>;
    };

    sram0: memory@80004000 {
            device_type = "memory";
            compatible = "mmio-sram";
            reg = <0x80004000 0xC000>;
    };

    soc {
            #address-cells = <1>;
            #size-cells = <1>;
            compatible = "simple-bus";
            ranges;
```

```
uart0: uart@20000010 {
        compatible = "riscv,reindeer-uart";
        reg = <0x20000010 0x400>;
        label = "uart0";

        status = "disabled";
    };

  };
};
```

除了在设备树中登记外，开发者还需要提供串行口驱动程序的代码。对 PulseRain Reindeer 的串行口来说，其对应的驱动程序如代码 7-2 所示。

代码7-2 串口驱动程序

```
#include <kernel.h>
#include <arch/cpu.h>
#include <uart.h>
#include <sys_io.h>

#define DEV_CFG(dev)                          \
   ((const struct uart_device_config * const)  \
    (dev)->config->config_info)

static unsigned char uart_pulserain_reindeer_poll_out(struct
device *dev, unsigned char c)
{
    volatile unsigned int *uart = (unsigned int*)PULSERAIN_
REINDEER_UART_BASE;

    while ((*uart) & 0x80000000){};
        *uart = c;
    while ((*uart) & 0x80000000){};

    return c;
}
```

```
static int uart_pulserain_reindeer_poll_in(struct device *dev,
unsigned char *c)
{
    *c = 0;
    return 0;
}

static int uart_pulserain_reindeer_init(struct device *dev)
{
    /* Nothing to do */
    return 0;
}

static const struct uart_driver_api
    uart_pulserain_reindeer_driver_api = {
    .poll_in = uart_pulserain_reindeer_poll_in,
    .poll_out = uart_pulserain_reindeer_poll_out,
    .err_check = NULL,
};

static const struct uart_device_config
    uart_pulserain_reindeer_dev_cfg_0 = {
    .regs = PULSERAIN_REINDEER_UART_BASE,
};

DEVICE_AND_API_INIT(uart_pulserain_reindeer_0, "uart0",
        uart_pulserain_reindeer_init, NULL,
        &uart_pulserain_reindeer_dev_cfg_0,
        PRE_KERNEL_1, CONFIG_KERNEL_INIT_PRIORITY_DEVICE,
        (void *)&uart_pulserain_reindeer_driver_api);
```

代码 7-2 中的 "static 函数" 加 "函数指针" 的模块封装方式，与 6.5.1 节中建议的方式是一致的。

7.2.3 定时器的支持

RISC-V 标准定义了两个与定时器（Timer）有关的 64 位寄存器：mtime 与

mtimecmp，这两个寄存器在标准中被规定为内存映射寄存器，其具体的地址由处理器设计者自行决定。

从理论上来说，定时器也可以像串行口一样被当作一般的外围设备来处理。考虑到 Zephyr 内核（Kernel）和定时器的紧密关系（内核需要通过定时器来确定时间片，以进行线程的调度），在 Zephyr 中对定时器做了特殊处理。当 Zephyr 在 RISC-V 架构的处理器上运行时，其内核是通过 RISCV_MTIME_BASE 和 RISCV_MTIMECMP_BASE 这两个宏定义来确定 mtime 和 mtimecmp 的地址的。这两个宏被直接嵌入代码中，使得内核代码可以直接访问定时器，而无须调用驱动程序。

定时器应以固定的频率计数，并且这个频率最好能被处理器的主时钟频率所整除，以避免可能产生的 M Extension 指令。因此，在 PulseRain Reindeer 中将定时器的运行频率设计为 1 MHz；而在做 Zephyr 内核的 Kconfig 配置时，需要将这个频率设置到系统时钟的硬件定时器频率中。

7.2.4　中断的设置

RISC-V 的中断处理主要是通过 mtvec 寄存器来确定中断入口的。当 Zephyr 在 RISC-V 处理器上运行时，其采用的是直接中断模式（见表 3-20）。这种模式并不是纯粹的 VIC 结构，软件依然需要一个统一的 ISR 来确定中断源，而不是由硬件支持的中断向量表来直接调用 ISR。

当 Zephyr 在 PulseRain Reindeer 处理器上运行时，其中断的设置如图 7-3 所示。在 Zephyr 中，操作系统内核是和应用程序编译链接在一起的，最后仅产生一个 .elf 文件。在这个 .elf 文件中，其入口地址是 0x80000000。当这个 .elf 文件被载入到处理器上时，程序计数器便会从这个地址开始运行，这个地址也可以被看作是复位地址。

这个初始地址上被放置了一条跳转指令，指向 do_reset 子程序。在 do_reset 中，mtvec 寄存器会被设置为直接中断模式，并且会指向 _ _irq_wrapper 子程序。之后出现的所有硬件中断或异常，都会由 _ _irq_wrapper 子程序统一处理。

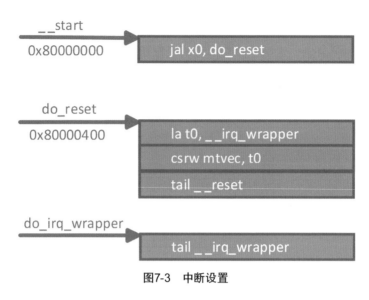

图7-3 中断设置

在图 7-3 中有两条伪指令，说明如下：

（1）la（load address），用来将地址载入到通用寄存器中。

（2）tail，用来调用子程序，调用子程序也可以用 call 伪指令。二者的主要区别是 call 会把返回地址存入 x1（ra）寄存器中，而 tail 则不保存返回地址。

7.2.5 修改编译链接选项

Zephyr 支持 CMake 和 Ninja 两种编译系统。在本书代码资源 zephyr-Reindeer-Zephyr-V1.0.0.zip 中，仅对 CMake 做了支持。在移植 Zephyr 到 PulseRain Reindeer 的过程中，需要修改相关的 CMakeLists.txt 文件，加入相关的源文件（例如串口的驱动程序等）。同时，也要加入和 RISC-V 架构有关的编译选项（如 -march=RV32I 等）。

7.2.6 样本应用程序

在和本书配套的代码资源 Reindeer_Step-1.1.2.zip 的 scripts/zephyr 目录下面，还提供了两个 Zephyr 的样本应用程序。在小脚丫 STEP CYC10 开发板上，用户可以用 scripts 目录下的 reindeer_config.py 脚本来下载这些程序。假设小脚丫开发板在 Windows 下面对应的串行口是 COM4，则用户可以在 Windows 命令行窗口里面操作如下（假设当前目录是 scripts）：

```
python reindeer_config.py --console_enable --reset --run
--baud=921600 --port=com4 --image=zephyr\synchronization.elf
```

或者：

```
python reindeer_config.py --console_enable --reset --run
--baud=921600 --port=com4 --image=zephyr\philosophers.elf
```

这两个样本程序会分别对 WFI 指令和 Zephyr 的信号量进行测试。其中，后者是计算机操作系统课程里面经常提及的"哲学家进餐问题"。当程序下载完成后，用户也可以选择退出脚本（Ctrl+C），而用 Tera Term 来观察串行口的输出信息。

第 8 章

Arduino 开发系统

If you're into electronics, get an Arduino.

Bre Pettis,
The Co-founder of MakerBot Industries

如果你喜欢电子的话，就给自己搞个 Arduino 吧。

布雷·佩蒂斯，
MakerBot Industries 联合创始人

8.1 Arduino的历史

根据维基百科的介绍，Arduino 最早源自于意大利伊夫雷亚交互设计学院（Interaction Design Institute Ivrea）的学生 Hernando Barragán 在 2003 年的硕士论文。在这篇论文中，Hernando Barragán 提出了一个名叫 Wiring 的开发平台，之后该论文的指导老师 Massimo Banzi 和其他人等派生了 Wiring 的代码，并在其基础上发展出了 Arduino 平台。

> **说明**：Arduino 平台自问世后就吸引了全世界的电子爱好者的参与，也得到了开源社区的广泛好评。不过在这过程中也出现了不少的问题，曾一度出现了两个 Arduino 公司（Arduino, LLC 与 Arduino SRL）和两个 Arduino 网站（www.arduino.cc 与 www.arduino.org），并使得 Arduino 在美国以外的地区不得不注册为 Genuino。经过一番法律诉讼后，这两个公司于 2017 年合并为 Arduino AG，并统一了 Arduino 商标。

8.2 Arduino的技术贡献

从技术角度来说，Arduino 为开源社区做出了以下三方面的重要贡献：

（1）引入了 Arduino 开发板，并将基板与扩展板区分。

（2）带来了 Arduino IDE 集成开发环境，并引入了 Arduino 语言，简化了开发流程，降低了开发难度。

（3）建立了 Arduino 社区。这个社区除了网上的论坛之外，还标准化了软件的发布流程，使得第三方开发者很容易为他们的新开发板提供 BSP（Board Support Package，板级支持包）和支持库。

说明: 笔者会就以上这三方面做一些具体的讨论，并结合小脚丫综合开发平台，阐述如何为第三方开发板提供 BSP 与支持库。

8.3 Arduino开发板

Arduino 旗下有一系列基于 8 位 AVR 或 32 位 ARM 芯片的开发板。其中最流行的可能是 Arduino UNO V3（https://store.arduino.cc/usa/arduino-uno-rev3）。这是一个基于 8 位 AVR 单片机的入门级开发板，包含 32 KB 的 Flash，支持 5 V 输入输出。笔者也曾参与开发过与 Arduino UNO V3 兼容的第三方 FPGA 开发板，介绍如下：

（1）Arduino UNO V3 尺寸如图 8-1 所示。包括其在内的许多的 Arduino 官方开发板都是 2.7 in×2.1 in（1in = 0.254 mm），但其形状却不是一个规则的长方形。其中有一个边沿被故意设计成了不规则的锯齿形状，并使得固定孔（Mounting Hole）的分布变得非常古怪。

提示: 笔者理解原设计者这样做的目的可能更多的是出于美学的考虑，而不是产品生产加工的考虑。原设计者可能没有考虑到固定电路板的螺帽所需要占用的空间，以致图 8-1 中右上角的那个固定孔和边上的连接器非常接近。当采用标准的圆形螺丝（5.4 mm 直径）固定时，螺帽会触碰到边上的连接器，只有改用六边形的螺帽才能勉强通过。

（2）Arduino 在基础的开发板之外，还引入了扩展板的概念。Arduino 将这些扩展板称为 Shield。这是一个非常好的想法。由于 Arduino 的流行，图 8-1 中的 Arduino UNO V3 连接器引出线被许多第三方开发板所引用，几乎成了某种形式上的行业标准。尽管如此，Arduino UNO V3 的设计者似乎在设计之初没有很好地考虑引脚连接器与 USB 接口和直流电源插座之间的相对垂直高度，其所选用的 USB Type B 接口和直流电源插座都高于引脚连接器，导致有些扩展板无法完全地插入到引脚连接器当中。

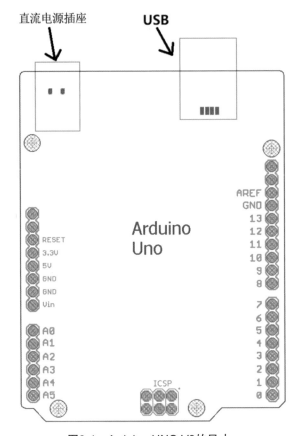

图8-1　Arduino UNO V3的尺寸

> **提示**：为解决这个问题，许多第三方的兼容开发板通过改用 Micro USB 或 Mini USB 来降低 USB 接口的高度，并选用低矮型直流电源插座（例如 CUI PJ-051A）来降低直流电源插座的高度，以避免扩展板触碰到这些元器件。

（3）另外需要注意的是，Arduino UNO V3 的输入输出电压是 5 V，而其他一些采用 ARM 处理器的 Arduino 官方板，虽然它们有相同的形状尺寸，但是其输入输出电压却是 3.3 V。这个在设计第三方兼容开发板时需要加以考虑。

（4）Arduino 的电路板开发采用了 Eagle CAD，这也是一款电子爱好者经常使用的电路板开发软件。著名的电子元器件网站 Sparkfun 也使用 Eagle CAD 来作为主要的 EDA 工具。

（5）Arduino 的官方开发板外观优美，特别是其丝网层的标注非常醒目，也很有艺术感，这是值得学习和肯定的。在实际产品的开发中，在同样面积的电路板上，元器件数目可能要多出许多，这会影响丝印层的标注。从这个意义上来说，Arduino 更像是一件意大利艺术品。

Arduino 第三方兼容的电路板开发并不是本书的讨论重点，本书所选用的小脚丫综合实验平台，可以通过扩展的方式来支持 Arduino 的引出引脚。

8.4　Arduino IDE集成开发环境和Arduino Language

和 Arduino 的开发板相比，Arduino IDE 集成开发环境的技术重要性会更高一些，因为它为裸金属系统的开发提供了一个更易用的工具，并且可以被用于支持第三方的硬件开发板。

在本书的 1.1 节曾讨论过 FARM 开发模式，提到用 Arduino IDE 集成开发环境来做 RISC-V 开发。这里，本书就以 Arduino IDE 1.8.9 Windows 版为例，对所需步骤进行详细讨论。

8.4.1　Arduino IDE 集成开发环境的工作原理

如果用户使用 Windows 10 操作系统，则 Arduino IDE 可以直接从 Microsoft Store 中安装。在 Arduino IDE 开发环境下，用户所撰写的程序被称为 Sketch（文件扩展名为 .ino，采用 C/C++ 语法），其中包括两个 C/C++ 函数：setup() 和 loop()。setup() 函数只会被调用一次，主要用来做初始化工作，而 loop() 函数则会被反复调用，用来实现主要的任务，其基本的程序流程如图 8-2 所示。另外，如果需要做中断处理，则可以用 attachInterrrupt() 来加入专门的 ISR（中断处理程序）。

细心的读者也许会发现，图 8-2 和前文介绍裸金属系统时用到的图 7-2 是完全一致的。实际上，这种 Loop 循环的方式也是裸金属系统运作的一般方式。

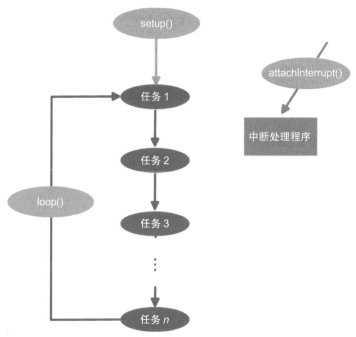

图8-2 Arduino的程序流程

用C/C++开发过裸金属系统的读者可能都知道，完整的C/C++程序还需要引用头文件，并提供main()函数和其他的库函数。而在Arduino IDE中，这些工作实际上都被隐藏到了幕后，用户只需专注于setup()与loop()即可。这使得Arduino相对于其他开发系统更简单易用。当用户选择编译/下载后，Arduino IDE主要完成以下的幕后操作。

（1）假设Sketch的文件名是hello.ino，则Arduino IDE会据此生成一个hello.ino.cpp文件。这个文件除了全盘复制hello.ino中的内容外，还在其开头添加了如下的内容：

```
#include <Arduino.h>
#line 1 "C"\..........\hello.ino"
```

这些操作实际上添加了头文件的引用，并修正了行序号，使得行序号依然按照hello.ino的行序号来计算，而不是hello.ino.cpp的行数，以方便编译错误的定位。

（2）除了 sketch 本身外，Arduino IDE 还需要编译库函数和 main() 函数。而这些相关的源代码都存放在 Arduino 的 core 目录下面。对 PulseRain Reindeer 开发包来说，在 Arduino IDE 1.8.9 Windows 版本下，这个 cores 目录一般存放在 Documents\ArduinoData\packages\PulseRain_RISCV\hardware\Reindeer\ 开发包版本号 \cores\Reindeer 这个路径之下。如果用户仔细阅读该目录下的内容，那么可以发现 main() 函数的内容如代码 8-1 所示。

代码8-1　Arduino main()

```
int main()
{
    noInterrupts();
    Serial.begin(115200);
    write_csr (mtvec, (uint32_t)shared_isr);

//++++++++++++++++++++++++++++++++++++++++++++++++++++++++++++
// ARDUINO sketch
//++++++++++++++++++++++++++++++++++++++++++++++++++++++++++++
        setup();

        while (1) {
          loop();
        } // End of while loop

//++++++++++++++++++++++++++++++++++++++++++++++++++++++++++++

    return 0;
} // End of main()
```

从代码 8-1 可以看出，main() 函数是将图 8-2 的程序流程转换为了实际代码。只是这些工作在 Arduino 中都自动替用户完成了。当然，在进入 setup() 之前，还需要做一些准备工作，包括共享中断处理程序的安装（有关中断处理程序的话题会在后文讨论小脚丫综合实验平台时做详细讨论）。

8.4.2　Arduino Language

Arduino 之所以变得流行，除 Arduino IDE 外，另外一个主要的原因就是 Arduino Language 的使用。Arduino Language 源自 Wiring 开发平台，从本质上说，Arduino Language 不是一种新的编程语言，而是一些 API 函数（Application Interface，应用程序接口函数）的集合。其中比较常用的有如下这些函数。

1. 输入输出函数

```
digitalRead()   // 读取引脚的逻辑电平
digitalWrite()  // 设置引脚的逻辑电平
```

2. 时间延迟

```
delay()   // 以ms为单位做延迟
```

3. 串口的操作（Serial 类）

```
Serial.write()      // 向串口写入二进制数据
Serial.available()  // 串口FIFO中有效的字节数
Serial.read()       // 从串口FIFO中读取一字节，若失败，则返回-1
```

4. 中断的处理

```
interrupts()       // 开启中断
noInterrupts()     // 关闭中断

attachInterrupt()  // 装载ISR(中断服务程序)
detachInterrupt()  // 卸载ISR
```

> **提示**：完整的 Arduino Language 的 API 函数列表，可以在 https://www.arduino.cc/reference/en/ 中找到。而这些 API 的功能，都是由 cores 目录下的那些源文件来实现的。

8.5 Arduino IDE 集成开发环境下第三方开发包的使用和制作

前面提到，Arduino IDE 集成开发环境支持第三方的板级开发包。下面就以 PulseRain Reindeer 软核处理器为例，介绍如何在 Arduino IDE 中使用第三方开发包，以及如何制作第三方开发包。

8.5.1 Arduino IDE 第三方开发包的使用

1. 第三方开发包的安装

对于第三方的开发包，其入口都是一个在 GitHub 上的 JSON（JavaScript Object Notation，JavaScript 对象表示法）文件。对于本书所涉及的支持 PulseRain Reindeer 的开发包，这个 JSON 文件的内容可以在本书代码资源 Arduino_RISCV_IDE-master.zip 中找到（package_pulserain.com_index.json）。

在 Arduino IDE 集成开发环境安装完毕后（在 Windows 10 平台上可以从 Microsoft Store 中直接安装，其他的平台可以从 Arduino 官网上下载），需要继续安装上面提到的这个开发包。具体做法如下（以 Arduino IDE 1.8.9 英文版，Windows 10 Pro 操作系统为例）。

（1）在 Arduino IDE 安装完毕后，打开 File | Preference 菜单，如图 8-3 所示。

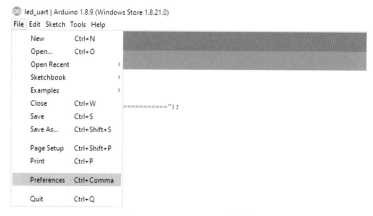

图8-3　Preference 菜单

File | Preference 菜单会开启一个如图 8-4 所示的对话框。请把其中的 Additional Boards Managers URLs 设置为图 8-4 所示的内容。

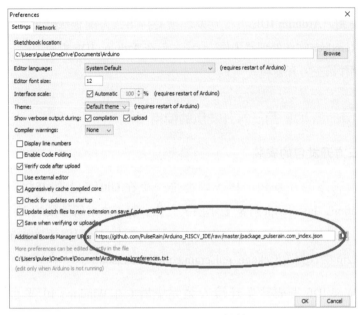

图8-4　Preferences对话框

（2）关闭图 8-4 对话框后，再请打开 Tools | Boards | Boards Manager 菜单，如图 8-5 所示。

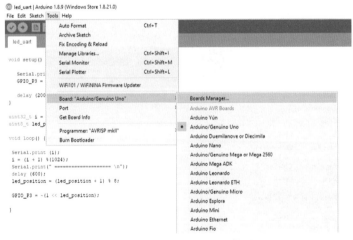

图8-5　Boards Manager菜单

（3）Boards Manager 会启动一个如图 8-6 所示的对话框，在其搜索条中输入
"reindeer"来查找和安装所需的支持包。

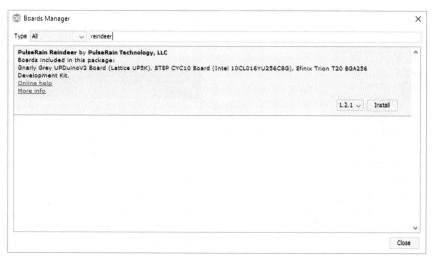

图8-6　PulseRain Reindeer支持包

2. Sketch 的编写和载入

和所有的 Arduino 开发板一样，在开始编写 Sketch 之前，用户需要在 Arduino
IDE 的 Tools 菜单下选择正确的串行口（COM 口）和开发板名称。串口的选择在
Tools | Ports 菜单下，如图 8-7 所示。

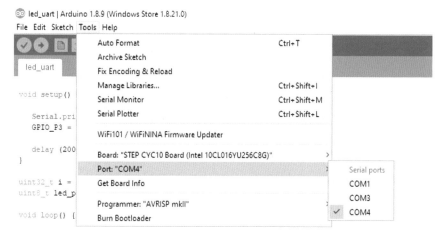

图8-7　串行口（COM口）设置

开发板的选择在 Tools | Boards 菜单下，如图 8-8 所示。对于本书的配套开发板，请选择 STEP CYC10 Board（Intel 10CL016YU256C8G），即小脚丫开发板。

在此之前请先用 PulseRain Reindeer 的 Bitstream 来编程开发板上的 FPGA。

图8-8　Arduino IDE，选择小脚丫开发板

至此，读者可以开始编写 Sketch，并将编译结果载入到开发板上的 PulseRain Reindeer RISC-V 软核来运行代码了。这里建议读者先试着运行代码 8-2 中所展示的 Sketch，以测试串行口输出和 LED（GPIO 输出）。

```
void setup() {

    Serial.print(" =====================");
    GPIO_P3 = 0xAA;

    delay (2000);
}

void loop() {

    static uint32_t i = 0;
    static uint8_t  led_position = 0;

    Serial.print (i);
    i = (i + 1) %(1024);
    Serial.print(" ===================== \n");
    delay (600);
    led_position = (led_position + 1) % 8;

    GPIO_P3 = ~(1 << led_position);
}
```

在完成 Sketch 编写后，用户可以通过菜单 Sketch | Upload 或者快捷键 Ctrl+U 来编译并载入代码到开发板上。

对于串口的输入输出，Arduino IDE 集成环境提供了专门的串口监测工具 Serial Monitor。用户可以通过 Tools | Serial Monitor 菜单或者 Ctrl+Shift+M 快捷键来开启该工具，如图 8-9 所示。如果用户需要向串口发送字符数据，则可以通过图 8-9 上部的输入条来进行。

```
┌─────────────────────────────────────────────────────────────────────┐
│ ⬡ COM4                                          —    □    ×          │
├─────────────────────────────────────────────────────────────────────┤
│ [                                                          ] [Send]  │
├─────────────────────────────────────────────────────────────────────┤
│ ========= 3                                                    ▲     │
│ ========= 4                                                    ▓     │
│ ========= 5                                                    ▓     │
│ ========= 6                                                          │
│ ========= 7                                                          │
│ ========= 8                                                          │
│ ========= 9                                                          │
│ ========= 10                                                         │
│ ========= 11                                                         │
│                                                                      │
│  Got Message: hello                                                  │
│                                                                      │
│ ========= 12                                                         │
│ ========= 13                                                         │
│ ========= 14                                                    ▼    │
├─────────────────────────────────────────────────────────────────────┤
│ ☑ Autoscroll ☐ Show timestamp        Newline ⌄ 115200 baud ⌄ Clear output │
└─────────────────────────────────────────────────────────────────────┘
```

图8-9　监测工具Serial Monitor

8.5.2　Arduino IDE 第三方开发包的制作

许多硬件厂商都希望自己的开发板能被 Arduino IDE 集成开发环境所支持。这里就以小脚丫开发板所使用的开发包为例，介绍一下第三方开发包的制作方法。

> **说明**：小脚丫开发板所使用的开发包的完整代码，可以在本书代码资源 Arduino_RISCV_IDE-master.zip 中找到。更准确地说，这个代码资源是 PulseRain Reindeer 软核处理器的开发支持包，而小脚丫开发板只是所有支持 PulseRain Reindeer 的开发板中的一款。

1. 开发 / 载入工具的准备

作为一个完整的开发包，其需要为用户提供下面三类工具。

（1）编译器。

在 PulseRain Reindeer 的开发包中，选用了 RISC-V GCC 的裸金属版本，以适应 MCU 的开发。

（2）代码载入工具，用于将编译产生的二进制代码载入到开发板上。在 Arduino IDE 集成开发环境里，这个过程被称为代码载入。

PulseRain Reindeer 包含了用硬件（RTL）实现的载入工具，所以在运行

Arduino IDE 的主机端，只要准备一个 Python 脚本，用来和这个硬件实现的载入工具通信即可。而在其他的处理器中，这部分功能是由软件实现的。也就是说，开发者除了要准备主机端的软件工具外，还需要准备一个用软件实现的 Bootloader，在处理器上电后运行，来与主机端通信。

（3）代码大小测量工具。

在向硬件载入代码之前，Arduino IDE 需要知道代码的大小。PulseRain Reindeer 的开发包中提供了一个名叫 hex_total_size 的工具，该工具实际上是一个 Python 脚本，用来计算编译产生的 hex 文件所对应的二进制代码的大小。

2. board. txt 与 platform. txt

除了上文提到的这些工具外，开发包还需要包含下面两个文本文件，用来指导 Arduino IDE 对这些工具的使用。

（1）board.txt。

这个文件主要包含了与开发板相关的参数，例如串行口载入的波特率、开发板所包含的内存大小等。代码 8-3 展示了与小脚丫开发板相关的 board.txt 部分。

代码8-3 小脚丫开发板相关的board.txt

```
STEP.name=STEP CYC10 Board (Intel 10CL016YU256C8G)

STEP.platform=Reindeer
STEP.build.board=_BOARD_STEP_CYC10_

STEP.build.extra_flags = -march=rv32i -mabi=ilp32 --std=c++17
STEP.compiler.c.extra_flags=
STEP.compiler.cpp.extra_flags=
STEP.ld.extra_flags =

STEP.upload.maximum_size=8388608
STEP.upload.speed=921600
STEP.upload.tool=Reindeer_upload
```

```
STEP.build.mcu=Reindeer
STEP.build.core=Reindeer
STEP.build.variant=generic
```

（2）platform.txt。

这个文件主要包含了各个工具的命令行使用方式，例如对 cpp 文件编译所需要的命令行参数（代码 8-4）、hex 文件的生成方法（代码 8-5）、代码载入工具的使用（代码 8-6）等。

代码8-4　platform.txt, cpp 文件的编译方式

```
recipe.cpp.o.pattern="{compiler.path}{compiler.cpp.cmd}"
{build.flags} {compiler.cpp.flags} {compiler.define} {compiler.
cpp.extra_flags} {build.extra_flags} -I{build.path}/sketch
{includes} "{source_file}" -o "{object_file}"
```

代码8-5　platform.txt, Intel hex 文件的生成

```
recipe.objcopy.hex.pattern="{compiler.path}{compiler.elf2hex.
cmd}" {compiler.elf2hex.flags} {compiler.elf2hex.extra_flags}
"{build.path}/{build.project_name}.elf"
"{build.path}/{build.project_name}.hex"
```

代码8-6　platform.txt, 代码载入工具的使用

```
tools.Reindeer_upload.cmd=reindeer_config
tools.Reindeer_upload.path={runtime.tools.Reindeer_upload.
path}

tools.Reindeer_upload.upload.params.verbose=
tools.Reindeer_upload.upload.params.quiet=
tools.Reindeer_upload.upload.protocol=UART

tools.Reindeer_upload.upload.pattern="{path}/{cmd}"
--reset --run --port={serial.port} --baud={upload.speed}
"--image={build.path}/{build.project_name}.hex"
```

有关 PulseRain Reindeer 开发包所使用的 board.txt 与 platform.txt 的完整代码，可以在本书代码资源 Arduino_RISCV_IDE-master.zip 的 PulseRain_RISCV/Reindeer 目录下找到。

3. 源代码

在准备开发包时，前面提到的 board.txt 与 platform.txt 要和开发包的源代码放在同一个压缩文件里面（.tar.gz 文件），这个文件的目录结构如图 8-10 所示。

图8-10　开发包源代码的目录结构

在 Arduino Language 中定义的 API，都需要由这些源代码来实现。在图 8-10 中有两个子目录：cores 和 variants，一个处理器通常会有多个不同的型号，这种目录结构的设计便是考虑到了这种情况。所有处理器型号共享的代码可以放在 cores 目录中，而针对某个处理器型号的代码（例如外围设备的地址定义）可以放在 variants 目录中。

> **提示**：具体到某个开发板来说，其所携带的处理器型号可以在 board.txt 中指定。例如在代码 8-3 中可以看到，小脚丫开发板所对应的 variant 是 generic（通用型）。

4. JSON 文件

上文提到的这些工具和源文件（包括 board.txt 与 platform.txt），最终都需要由一个 JSON 文件来汇总，以标记源文件和工具的对应关系，以及所支持的开发板列表，以方便 Arduino IDE 集成开发环境来引用。随着开发包和工具的不断升级，这个 JSON 还需要记录旧版本的相关信息。

为了方便开发，PulseRain Technology 公司为此提供了一个 Shell 脚本，以自动生成这个 JSON 文件，并自动生成所需要的压缩文件。这个 Shell 脚本可以在本书代码资源 Arduino_RISCV_IDE-master.zip 中找到。

其可以在 Cygwin 下被运行，代码 8-7 便是用这个 Shell 脚本所生成的一个 JSON 文件样本。

代码8-7 开发包的JSON文件

```json
{
  "packages": [
    {
      "name": "PulseRain_RISCV",
      "maintainer": "PulseRain Technology, LLC",
      "email": "info@pulserain.com",
      "help": {
        "online": "http://riscv.us"
      },
      "websiteURL": "http://riscv.us",
      "platforms": [
        {
          "name": "PulseRain Reindeer",
          "architecture": "Reindeer",
          "version": "1.3.0",
          "category": "Contributed",
          "url": "https://github.com/PulseRain/Arduino_RISCV_IDE/raw/master/package/Reindeer_1.3.0.tar.gz",
          "archiveFileName": "Reindeer_1.3.0.tar.gz",
          "checksum": "SHA-256:81dea9ca7584b1711c87705a06d805e8149f6e43b0210589e98af5489be051c9",
          "size": "17761",
          "help": {
            "online": "http://riscv.us"
          },
          "boards": [
            {"name": "Gnarly Grey UPDuinoV2 Board (Lattice UP5K)"},
```

```
                {"name": "STEP CYC10 Board (Intel 10CL016YU256C8G)"},
                {"name": "Efinix Trion T20 BGA256 Development Kit"}
            ],
            "toolsDependencies": [
                {
                    "packager": "PulseRain_RISCV",
                    "version": "2.1.0",
                    "name": "Reindeer_upload"
                },
                {
                    "packager": "PulseRain_RISCV",
                    "version": "1.0.0",
                    "name": "Reindeer_compiler"
                },
                {
                    "packager": "PulseRain_RISCV",
                    "version": "1.0.0",
                    "name": "hex_total_size"
                }
            ]
        }
    ],
    "tools": [
        {
            "version": "2.1.0",
            "name": "Reindeer_upload",
            "systems": [
                {
                    "host": "i686-mingw32",
                    "url": "https://github.com/PulseRain/Arduino_RISCV_
IDE/raw/master/package/Reindeer_upload_2.1.0.tar.gz",
                    "archiveFileName": "Reindeer_upload_2.1.0.tar.gz",
                    "checksum": "SHA-256:4eafa097f0c6818db3f3355ab324
268c0876b72f35a78a6881bfe71cf55ef316",
                    "size": "6035446"
```

```
            }
        ]
    },
    {
        "version": "1.0.0",
        "name": "Reindeer_compiler",
        "systems": [
            {
                "host": "i686-mingw32",
                "url": "https://github.com/PulseRain/Arduino_RISCV_IDE/
raw/master/package/Reindeer_compiler_1.0.0.tar.gz",
                "archiveFileName": "Reindeer_compiler_1.0.0.tar.gz",
                "checksum": "SHA-256:216c9e08a54b0df3895dad95b199
505f161ea56422eb246e56892a6f0043f3b4",
                "size": "100370594"
            }
        ]
    },
    {
        "version": "1.0.0",
        "name": "hex_total_size",
        "systems": [
            {
                "host": "i686-mingw32",
                "url": "https://github.com/PulseRain/Arduino_RISCV_IDE/raw/
master/package/hex_total_size_1.0.0.tar.gz",
                "archiveFileName": "hex_total_size_1.0.0.tar.gz",
                "checksum": "SHA-256:275fd6f969b470e06181e86e0725d47eca
262c01c5a917c527f004d50a9926fd",
                "size": "7007795"
            }
        ]
    }
]
```

```
    }
  ]
}
```

从代码 8-7 可以看出，完整的开发包除了 JSON 文件外，还需要包括下面 4 个压缩文件（.tar.gz 文件）：

（1）源代码（包括 board.txt 与 platform.txt），例如代码 8-7 中的 Reindeer_1.3.0.tar.gz。

（2）代码载入工具，如代码 8-7 中的 Reindeer_upload_2.1.0.tar.gz。

（3）编译器，如代码 8-7 中的 Reindeer_compiler_1.0.0.tar.gz。

（4）代码大小的测量工具，如代码 8-7 中的 hex_total_size_1.0.0.tar.gz。

8.6 Arduino IDE集成开发环境下第三方支持库的使用和制作

前文介绍了第三方开发包的使用和制作。除此之外，由于全世界众多软硬件开发者的加入，Arduino 对各种的硬件平台都有比较完备的第三方支持库（Arduino Library）。下面就以 Step_CYC10_Seven_Seg_Display 库为例（该库是为小脚丫实验平台配套的 7 段管显示器而开发），介绍如何使用和制作第三方的支持库。

8.6.1 Arduino IDE 第三方支持库的使用

1. 第三方支持库的安装

在 Arduino IDE 下，第三方支持库的安装需要完成以下步骤。

（1）打开 Sketch | Include Library | Manage Libraries 菜单，如图 8-11 所示。

图8-11　Arduino Library的安装

（2）该菜单会开启一个名为 Library Manager 的对话框，如图 8-12 所示。用户可以在其右上角的搜索栏中输入第三方库的名称，安装相关的 Arduino Library。

（3）在 Arduino IDE 1.8.9 Windows 版本下，如果安装成功，这个库的源代码通常会出现在 Documents\Arduino\libraries 路径下。

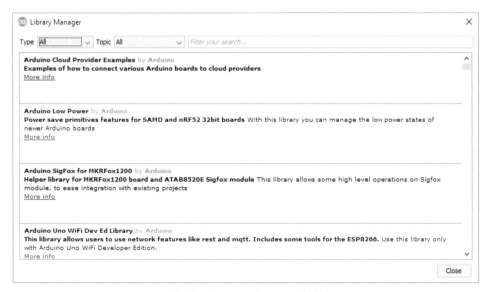

图8-12　Library Manager对话框

2. 第三方支持库的调用

一般来说，Arduino Library 通常包含三个子目录。

（1）src。

库的源代码。

（2）extras。

该目录通常存放相关的文档。

（3）examples。

相关的样例 Sketch 代码。

> **提示**：如果需要在 Sketch 中调用 Arduino Library，需要在 Sketch 的开头包含相关的头文件（例如用 #include "Step_CYC10_Seven_Seg_Display.h" 来调用小脚丫开发板上的 Step_CYC10_Seven_Seg_Display 库）。

一般来说，Arduino Library 都采用 C++ 编写，其实际上通常包含类的定义和相关的对象。对 Arduino Library 的调用，实际上就是对该对象的相关接口函数的调用，例如在 Step_CYC10_Seven_Seg_Display 库中，就为 Step_CYC10_Seven_Seg_Display 类专门定义了一个名叫 SEVEN_SEG_DISPLAY 的对象。代码 8-8 便是一个在 Sketch 中使用该对象的样例。在该样例中，通过中断方式在 7 段管显示器（4 个十六进制位）上显示计数的数值，同时相同的数值也在串行口输出。

代码 8-8　调用Step_CYC10_Seven_Seg_Display库

```cpp
#include "Step_CYC10_Seven_Seg_Display.h"

void setup() {
    delay(1000);

    SEVEN_SEG_DISPLAY.start_refresh();
    interrupts();
}

void loop() {
    static int i = 0;

    Serial.print("========== ");
    Serial.println(++i);

    SEVEN_SEG_DISPLAY.set_display_value(i, 1);
    delay(1000);
}
```

8.6.2　Arduino IDE 第三方支持库的制作

1. GitHub Repository 的建立

如果读者想自己制作 Arduino IDE 的第三方支持库，需要在 GitHub 上建立一个新的 Repository，其文件/目录的组织结构如图 8-13 所示。

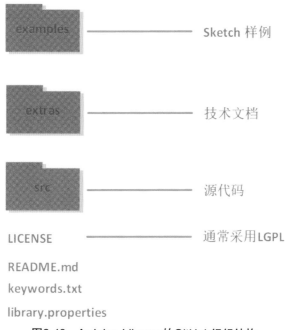

图8-13　Arduino Library 的GitHub组织结构

由图 8-13 可以看到，该 GitHub Repository 通常包含三个子目录，其中包含源代码的 src 子目录是必须有的。Arduino Library 的源代码都采用 C++ 编写，其实际上通常包含类的定义和相关的对象。Step_CYC10_Seven_Seg_Display 库的源代码可以在本书代码资源 Step_CYC10_Seven_Seg_Display-1.0.5.zip 中找到。

提示：如果读者采用 6.5.1 节所采用的封装方式，还可以用 C 语言来编写 Arduino Library。

除了子目录之外，在这个 Repository 下还必须包含两个文本文件。

（1）keywords.txt。

keywords.txt 文件会被用来指导 Arduino IDE 的编辑器来显示相应的句法着色（Syntax Color）。代码 8-9 是 Step_CYC10_Seven_Seg_Display 库所采用的 keywords.txt。需要注意的是，keywords.txt 的关键字和 KEYWORD1、KEYWORD2、KEYWORD3 之间需要用 Tab 来分隔。

代码 8-9 Step_CYC10_Seven_Seg_Display库的keywords.txt

```
##################################################################
# Syntax Coloring Map For Step_CYC10_Seven_Seg_Display
##################################################################


##################################################################
# Datatypes (KEYWORD1)
##################################################################


Step_CYC10_Seven_Seg_Display      KEYWORD1

##################################################################
# Methods and Functions (KEYWORD2)
##################################################################


reset KEYWORD2
set_display_value      KEYWORD2
start_refresh    KEYWORD2
stop_refresh      KEYWORD2


##################################################################
# Instances (KEYWORD3)
##################################################################


SEVEN_SEG_DISPLAY      KEYWORD3
##################################################################
# Constants (LITERAL1)
##################################################################
TIMER_RESOLUTION LITERAL1
```

（2）library.properties。

library.properties 中包含了库的名称、版本、GitHub 链接等。代码 8-10 是 Step_CYC10_Seven_Seg_Display 库所采用的 library.properties。这里需要注意的是，代码 8-10 中的版本要和该 Repository 相应的标签相对应。也就是说，在完成 library.properties 文件之后，还需要在 GitHub 中建立一个新的发行，其标签版本必须和 library.properties 中的版本一致。

代码 8-10　Step_CYC10_Seven_Seg_Display库的library.properties

```
name=Step_CYC10_Seven_Seg_Display
version=1.0.3
author=PulseRain
maintainer=PulseRain <info@pulserain.com>
sentence=Library for the 7-segment display on Step CYC10 FPGA
board
paragraph=Use this library to control the 7-segment display on
Step CYC10 FPGA board
category=Signal Input/Output
url=https://github.com/PulseRain/Step_CYC10_Seven_Seg_Display
architectures=RISC-V
includes=Step_CYC10_Seven_Seg_Display.h
```

2. 新库的递交

在建立了相关的 GitHub Repository 之后，还需要将这个 Repository 递交给 Arduino 官方做人工审核。开发者需要在 Arduino 官方的 GitHub Repository 下创立一个新的提交，其标题可以采用如下的格式：

```
[Library Manager] Please add … library to the Library Manager
```

在提交的内容中需要提供相关库的 GitHub Repository 链接。

在递交这个提交以后，Arduino 的工作人员会先检查这个 GitHub Repository 的正确性。如果有问题，他们会在提交中提供修改建议。如果审核通过，他们会把这个提交打上 Component:Board/Lib Manager 的标签；接着会有另外一组工作人员将这个库加入 Library Manager 中，这样就可以在图 8-12 中的对话框中被搜索到了，同时，这个新加入的库还会在推特（Twitter）号 @arduinolibs 上被公开推送，整个递交过程会经历 1 ～ 2 周的时间。

第 ⑨ 章

综合实验平台：
小脚丫 STEP FPGA 开发板

纸上得来终觉浅，绝知此事要躬行。

陆游，《冬夜读书示子聿》

> **说明：** 为了能给读者提供一个好的实验平台，笔者有幸找到了在国内非常流行的小脚丫 FPGA 开发平台（http://www.stepfpga.com），并与其设计团队合作，将前文所述的大部分内容都移植到了小脚丫 FPGA 旗下的 STEP CYC10 开发板上，和读者分享。精彩视频请扫描本书二维码。
>
> 本书下文所述都将基于 STEP CYC10 V1.1 硬件版本，以及基于 Intel Quartus Prime Lite 18.1 软件版本。与此相关的软硬件代码，都可以在本书代码资源 Reindeer_Step-1.1.2.zip 中找到。

9.1 STEP CYC10 开发板简介

如图 9-1 所示，STEP CYC10 开发板的物理尺寸只有 72 mm × 40 mm，不过"麻雀虽小，五脏俱全"。它的核心是一块 Intel Cyclone 10 LP 的 FPGA（10CL016YU256C8G），该 FPGA 包含以下资源。

- 15 408 个逻辑单元，每个逻辑单元包含一个 4 输入的 LUT 和一个寄存器。

- 56 块 M9K Block RAM（片上内存，每块内存有 9 Kb）。

- 56 个乘法器（18 位 × 18 位）。

- 162 个输入输出引脚，其中包含 53 对差分输入输出。

除了这些 FPGA 片上资源外，开发板还附带了以下的资源。

- 2 个 Micro USB 接口，其中一个被用作 USB Blaster JTAG，以对 FPGA 编程使用。另外一个被用作 USB/UART。

- 64 Mb（8 MB）动态内存（DRAM）。

- 64 Mb 闪存（Flash）。

图9-1 小脚丫STEP CYC10 开发板

（感谢苏州思得普信息科技有限公司授权提供）

- 12 MHz 与 50 MHz 两个晶体振荡器。

- 1 个三轴加速度传感器。

- 4 个 7 段数码管显示。

- 2 个 RGB LED。

- 8 个双列直播开关。

- 1 个 5 向按键。

- 8 个单色 LED。

- 1 个 STEP-PCIE 接口，可做扩展应用。

笔者选择该开发板作为综合实验平台，主要是基于以下的考虑。

（1）该开发板小巧玲珑，板上自带 JTAG 编程器和 USB 串行口，方便 FPGA 码流的下载，也方便对 Arduino 开发环境的支持。

（2）开发板上的 FPGA 有足够多的逻辑资源和片上内存资源。

（3）开发板上自带 8 MB 动态内存，可以被 RISC-V 软核用作代码和数据内存。这样宝贵的 FPGA 片上内存还可以被派作他用。

（4）该开发板本身自带的硬件资源非常丰富，还可以通过 STEP-PCIE 接口进行功能扩展。

9.2 RISC-V for Step FPGA

经过笔者与小脚丫设计团队的协调努力，PulseRain Reindeer RISC-V 软核处理器已经被成功地移植到了 STEP CYC10 开发板上，并且针对 STEP CYC10 开发板的特点做了如图 9-2 所示的改进。

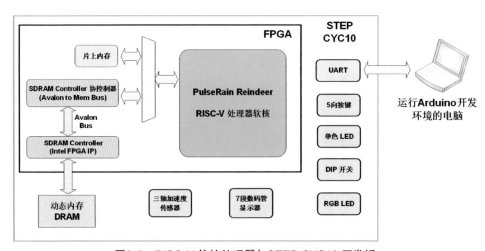

图9-2 RISC-V 软核处理器与STEP CYC10 开发板

（1）新设计了 SDRAM 控制器，使得改进后的软核处理器能把板上的 8 MB 动态内存用作代码和数据内存。

（2）增加了对板上硬件资源的支持。

（3）开发了相关的第三方开发包（Arduino Support Package），使得用户可以通过 Arduino IDE 集成开发环境来直接对软核处理器编程。

后边会针对图 9-2 中的各个模块做逐一解析。RISC-V 的视频介绍请扫描二维码。

9.3 动态内存的访问与时序约束

STEP CYC10 开发板上所装载的动态内存芯片型号是 IS45S16400J-7BL，其数据手册可以在 Integrated Silicon Solution 公司的官网上找到。这是一颗 PC133 类型的 16 位单数据速率 SDRAM。在实际使用时，为保持与软核处理器的主频一致，该 DRAM 被设定运行在 100 MHz 的时钟上，并设置 CAS Latency 为 3。

9.3.1 动态内存的仿真

由图 9-2 可以看到，动态内存的控制器（SDRAM Controller）分为两部分：一部分来自 Intel Quartus Prime 的 SDRAM Controller IP；另一部分来自一个与其进行接口转换的协处理器。Intel 提供的 IP 会完全处理 SDRAM 的物理层。由于该 IP 仅提供 Avalon 总线接口，而且一次只能读取 16 位数据，无法直接与 32 位的 PulseRain Reindeer RISC-V 处理器软核集成在一起，所以需要另外设计一个协控制器做总线协议和数据宽度的转换，即图 9-2 中的 SDRAM Controller（Avalon to Mem Bus）。

为了保证协控制器的正确设计，需要将上面提到的协控制器与 Intel 提供的 SDRAM Controller IP 放在同一个 testbench（测试平台）里面做仿真，还需要一个物理层的功能模型来模拟具体的内存芯片。为此，当用 Quartus Prime 生成 SDRAM Controller IP 时（详见 Reindeer_Step-1.1.2.zip 下 cores/sdram/sdram.qsys），可以在其 Generic Memory Model 下选择 Include a functional memory model in the system testbench（见图 9-3），并在最后生成完整系统时，选择 Create simulation model。

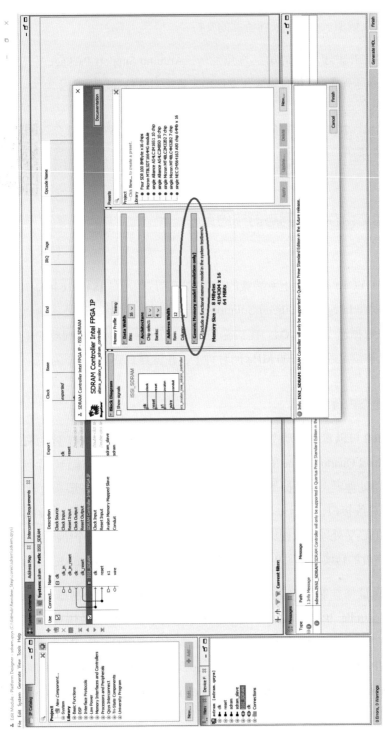

图9-3 SDRAM Controller IP的设置

> **说明**：读者可以在 Reindeer_Step-1.1.2.zip 里的 cores/sdram 目录下找到生成后的完整 IP 及相关的仿真文件。对动态内存仿真的具体运行，请参阅本章后边相关处理器仿真的部分（9.4 节）。

9.3.2　动态内存的时钟设置

根据 IS45S16400J 的数据手册，STEP CYC10 开发板上携带的动态内存包含以下物理信号，见表 9-1。

表 9-1　动态内存的物理信号

信号名称	信号方向	信号描述
cke	FPGA → DRAM	DRAM 的时钟使能 (Clock Enable)
clk	FPGA → DRAM	DRAM 的时钟 (100 MHz)
addr [11:0]	FPGA → DRAM	DRAM 的行地址 (Row Address) 或列地址 (Column Address)
ba [1:0]	FPGA → DRAM	DRAM 的 Bank Address
ras_n	FPGA → DRAM	DRAM 的行地址选择，低有效
cas_n	FPGA → DRAM	DRAM 的列地址选择，低有效
we_n	FPGA → DRAM	DRAM 的数据写使能 (Write Enable)，低有效
dqm [1:0]	FPGA → DRAM	DRAM Data Mask，数据字节使能
dq [15:0]	双向	16 位数据

根据表 9-1 所示的动态内存物理信号，FPGA 与动态内存之间的接口实际上是 16 数据位宽的源同步总线，其时钟由 FPGA 提供。在 FPGA 内部，其具体的时钟设置如图 9-4 所示。

小脚丫 STEP CYC10 开发板上带有一个 50 MHz 的晶体振荡器。基于这个 50 MHz 的时钟输入，FPGA 会利用其内部的 PLL 产生两个 100 MHz 的时钟，分别被命名为 clk_100MHz 与 clk_100MHz_shift。其中，clk_100MHz 相移为 0°，clk_100MHz_shift 则

带有 -90° 的相移。clk_100MHz 被用来作为 SDRAM Controller 协控制器与 SDRAM Controller FPGA IP 的时钟，而 clk_100MHz_shift 则通过 ALTDDIO_OUT 模块后变成动态内存的总线时钟。

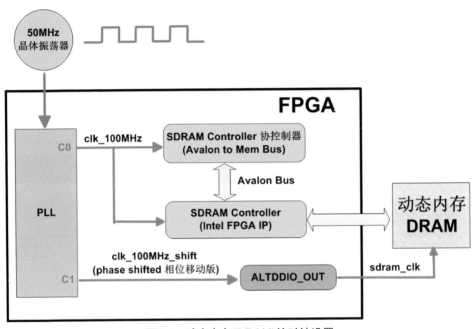

图9-4 动态内存(DRAM)的时钟设置

将 clk_100MHz 做 -90° 相移后输出的主要原因是为了让动态内存总线上的数据与时钟更加接近 Center Aligned 的关系（即时钟的上升沿靠近数据的中部），以符合 IS45S16400J 数据手册中的时序要求。

需要注意的是，图 9-4 中的 clk_100MHz_shift 时钟并没有被直接从 PLL 输出到 FPGA 的输入输出引脚上，而是通过驱动 ALTDDIO_OUT 模块来间接输出的。这样做的好处是可以极大减少时钟偏移，从而更容易满足时序约束。这里的 ALTDDIO_OUT 模块也是 Intel Quartus Prime 提供的一个 IP，其生成后的相关文件可以在 Reindeer_Step-1.1.2.zip 下 core/DDIO_OUT 目录找到。这个 IP 模块被专门用来驱动双倍速率输出（Double Data Rate，DDR），即在时钟的上升沿和下降沿都驱动数据，其内部结构与图 9-5 所示的电路非常相似。

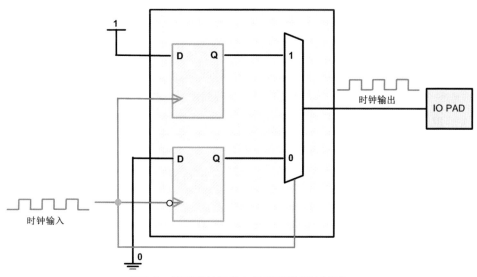

图9-5　输出时钟至输入输出引脚（概念图）

9.3.3　动态内存的时序约束

为了最大限度地保证 FPGA 设计能在各个 PVT（工艺、电压、温度）组合情况下都能稳定地运行，FPGA 工程师需要向 Intel Quartus Prime 提供一个 SDC 文件，以给出时序约束（Timing Constraint），包括设计所运行的各个时钟域，以及输入输出在电路板上的最大 / 最小的走线延迟等。Intel Quartus Prime 会据此做静态时序分析，以检查目前的设计是否能满足时序约束。

这里就以动态内存为例，说明时序约束的写法。本书中有关时序约束的方法，主要源自 Intel 的 Application Notes（AN 433：约束和分析源同步接口）中的以系统为中心的约束方法。笔者也强烈建议读者仔细阅读这个 Application Notes，以对时序约束有全面的了解。

1. 基准时钟

时序约束的第一步往往是说明 FPGA 所用的基准时钟（Base Clock）频率。根据图 9-4 所示，本设计的基准时钟是 50 MHz。所以在 SDC 文件中可以描述如下：

```
create_clock -name {clk_50mhz_fpga} -period 50.000MHz [get_
ports {sys_clk_in}]
```

2. 生成的时钟

在许多相关时序约束的技术书籍中可以看到，时序约束的第二步是根据 PLL 的设定来决定的，描述 PLL 所生成的其他时钟信息。这样做的好处是对于 PLL 生成的每个时钟，在此时都可以被赋予一个比较简短易读的名字；但是这里的信息必须和 PLL IP 的设定是一致的，即 SDC 文件会因此包含一些重复冗余的信息。当每次 PLL 的设定被修改后，SDC 文件也要同时修改，以保持数据的一致与准确。

另外一种比较简短的方式就是在 SDC 文件中写入下面的命令：

```
derive_pll_clocks -create_base_clocks -use_net_name
derive_clock_uncertainty
```

这样，Quartus Prime 工具就会自动查找 PLL 设定，并生成相关的时钟信息，从而节省了工程师手工查找与输入的过程，因此该方法一直为笔者所中意。该方法的缺点就是工具自动生成的时钟名字往往比较冗长而晦涩，读者在后文中很快就会看到具体的例子。

3. 输出延迟 (set_output_delay)

在采用以系统为中心的约束方法计算输入延迟之前，先要确定如下的信息。

（1）确定 Jitter Margin（抖动边界），即时序设计的容差余量。本书将 Jitter Margin 定为 0.05 ns。

（2）动态内存输入信号（即 FPGA 的输出）的 Setup Time 和 Hold Time。

查阅动态内存的数据手册（芯片型号 IS45S16400J-7BL），可以发现：

t_{CMS} = 1.5 ns，Command Setup Time（CS，RAS，CAS，WE，DQM）。

t_{CMH} = 0.8 ns，Command Hold Time（CS，RAS，CAS，WE，DQM）。

t_{AS} = 1.5 ns，Address Setup Time。

t_{AH} = 0.8 ns，Address Hold Time。

t_{CKS} = 1.5 ns，CKE Setup Time。

t_{CKH} = 0.8 ns，CKE Hold Time。

t_{DS} = 1.5 ns，Input Data Setup Time。

t_{DH} = 0.8 ns，Input Data Hold Time。

由此可见，该动态内存芯片输入信号的 Setup Time 都是 1.5 ns，而 Hold Time 则都是 0.8 ns。

（3）按如下公式计算输出延迟。

$$最大输出延迟 = Setup\ Time + Jitter\ Margin \tag{9-1}$$

$$最小输出延迟 = -Hold\ Time - Jitter\ Margin \tag{9-2}$$

将上面第（1）、（2）步的 Jitter Margin = 0.05ns，Setup Time = 1.5 ns，Hold Time = 0.8 ns 代入公式，则得到如下的 SDC 描述：

```
set_output_delay -clock [get_clocks {PLL:pll_i|altpll:altpll_
component|PLL_altpll:auto_generated|wire_pll1_clk[1]}] \
        -max 1.55 -reference_pin [get_ports sdram_clk] \
        [get_ports {sdram_cs_n sdram_ras_n sdram_cas_n sdram_we_n
sdram_dqm[*] sdram_addr[*] sdram_cke sdram_ba sdram_dq[*]}]

set_output_delay -clock [get_clocks {PLL:pll_i|altpll:altpll_
component|PLL_altpll:auto_generated|wire_pll1_clk[1]}] \
        -min -0.85 -reference_pin [get_ports sdram_clk] \
        [get_ports {sdram_cs_n sdram_ras_n sdram_cas_n sdram_we_n
sdram_dqm[*] sdram_addr[*] sdram_cke sdram_ba sdram_dq[*]}]
```

在上面的 set_output_delay 命令里，时钟的名字是由 Intel Quartus Prime 生成的，非常冗长晦涩。不过读者不用担心，因为所有 FPGA 项目中实际的时钟名称，读者都可以在 Intel Quartus Prime | Timing Analyzer | Clocks 菜单下面看到（见图9-6）。在撰写 SDC 文件时，读者只需从 Intel Quartus Prime 的时钟列表中复制时钟名称即可。

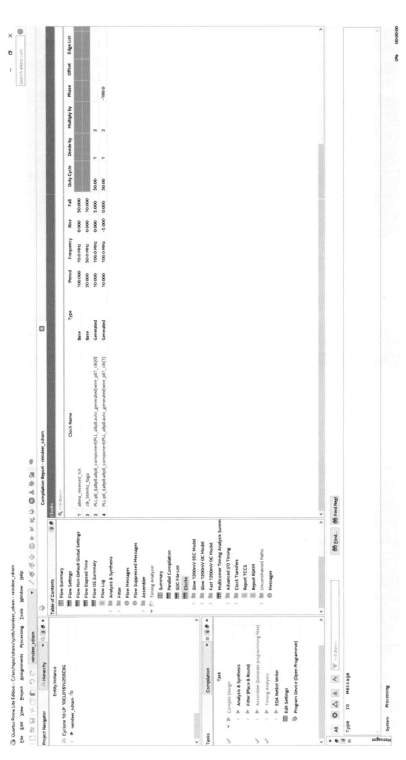

图9-6 Quartus Prime下的时钟列表

4. 输入延迟 (set_input_delay)

与输出延迟类似，输入延迟也可以用以系统为中心的约束方法来确定。在查阅动态内存的数据手册（芯片型号 IS45S16400J-7BL）后，可以发现：

t_{AC3} = 5.4 ns, Access Time（CAS Latency = 3）

在 Clock Period（时钟周期）= 10 ns 的情况下，可以认为 Setup Time = Clock Period-t_{AC3} = 4.6 ns。

同时在 IS45S16400J 的数据手册中还可以查到：

t_{OH3} = 2.7 ns, Output Data Hold Time（输出数据保持时间）（CAS Latency = 3）

由此，输入延迟可以按照如下公式确定：

最大输入延迟=Clock Period-Setup Time+Jitter Margin=10-4.6+0.05=5.45   （9-3）

最小输出延迟=Hold Time-Jitter Margin=2.7-0.05=2.65   （9-4）

对应的 SDC 描述如下：

```
set_input_delay -clock [get_clocks {PLL:pll_i|altpll:altpll_
component|PLL_altpll:auto_generated|wire_pll1_clk[1]}] \
        -max 5.45 -reference_pin [get_ports sdram_clk] \
        [get_ports {sdram_dq[*]}]

set_input_delay -clock [get_clocks {PLL:pll_i|altpll:altpll_
component|PLL_altpll:auto_generated|wire_pll1_clk[1]}] \
        -min 2.65 -reference_pin [get_ports sdram_clk] \
        [get_ports {sdram_dq[*]}]
```

这里要提醒读者注意的是，上述的 SDC 描述中假定了读延迟是一个时钟周期，即数据会在紧随读命令的下个时钟周期出现在总线上。然而，实际情况是由于 CAS Latency = 3，真实的数据会出现在读命令之后的第 4 个时钟周期,而不是第 1 个。为避免时序过度约束（Over Constrain）而造成的虚假时序违规，在 SDC 文件中还需要加入以下描述：

```
set_multicycle_path -from {sdram_dq[*]} -to {sdram:sdram_
i|sdram_ISSI_SDRAM:issi_sdram|za_data[*]} -setup -end 3

set_multicycle_path -from {sdram_dq[*]} -to {sdram:sdram_
i|sdram_ISSI_SDRAM:issi_sdram|za_data[*]} -hold -end 2
```

上述 set_multicycle_path 描述的目的就是将 setup 和 hold 从原先默认的 1 和 0 变到 3 与 2，与 CAS Latency = 3 相匹配。

9.3.4　动态内存的读写测试

为保证设计的稳定和可靠，在通过时序约束以后，工程师还应对动态内存进行单独的读写测试。在 Reindeer_Step-1.1.2.zip 下的 sketch 目录中，有测试用的 Arduino Sketch（DRAM_Stress）。该 Sketch 会将 PRBS（Pseudo-Random Binary Sequence，伪随机二进制序列）数据写入内存，然后再读出比较，以确保内存的数据完整性。

9.4　处理器仿真

9.4.1　用 Verilator 做仿真

在 4.5.2 节曾介绍用 Verilator 做处理器内核的黑盒法验证。对于 PulseRain Reindeer 的小脚丫版本，可以做如下的操作来运行合规性测试：

（1）在 Linux 下，安装 Verilator 与 gcc。

（2）展开本书的代码资源 Reindeer_Step-1.1.2.zip。

（3）编译代码。

```
cd Reindeer_Step/sim/verilator
make clean
make
```

（4）运行合规性测试。

```
make test_all
```

这个命令会运行所有的测试用例（共有 63 个）。如果一切正常，最后的显示结果如图 9-7 所示。

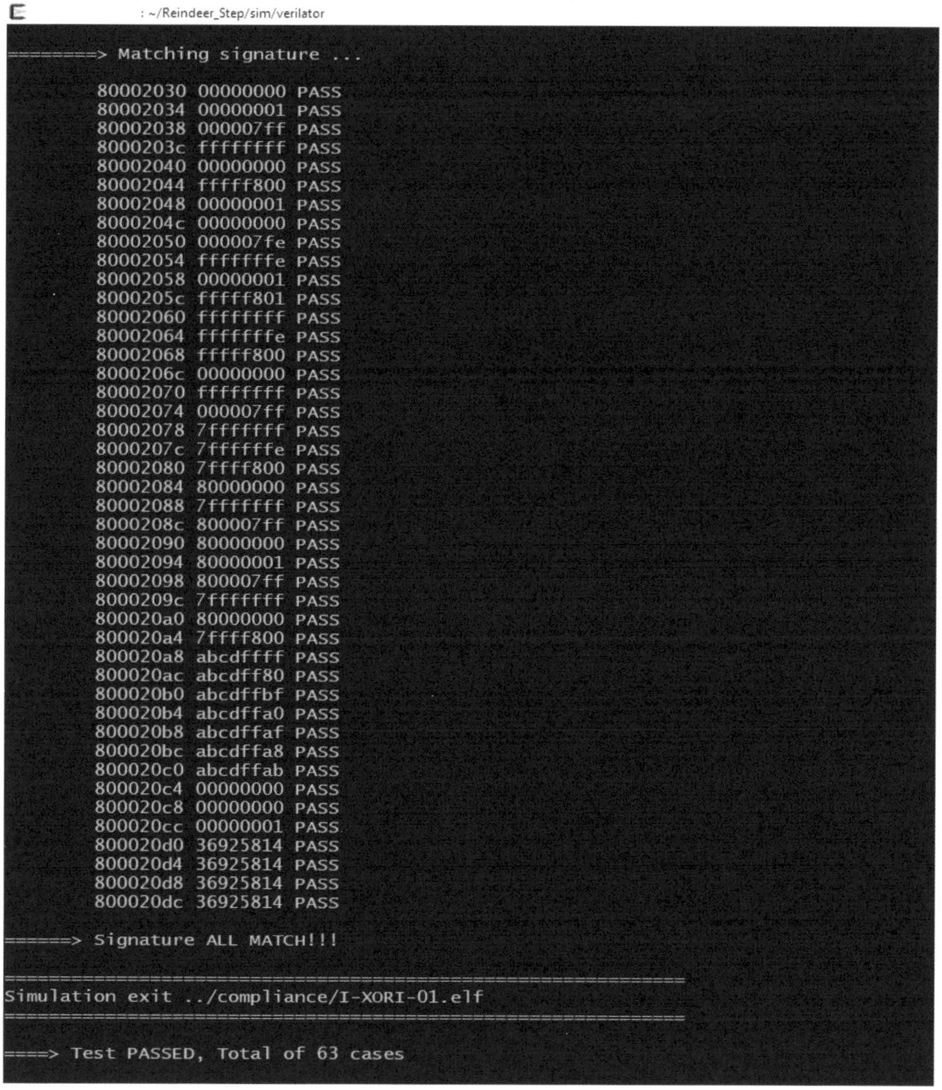

```
                : ~/Reindeer_Step/sim/verilator

========> Matching signature ...
        80002030 00000000 PASS
        80002034 00000001 PASS
        80002038 000007ff PASS
        8000203c ffffffff PASS
        80002040 00000000 PASS
        80002044 fffff800 PASS
        80002048 00000001 PASS
        8000204c 00000000 PASS
        80002050 000007fe PASS
        80002054 fffffffe PASS
        80002058 00000001 PASS
        8000205c fffff801 PASS
        80002060 ffffffff PASS
        80002064 fffffffe PASS
        80002068 fffff800 PASS
        8000206c 00000000 PASS
        80002070 ffffffff PASS
        80002074 000007ff PASS
        80002078 7fffffff PASS
        8000207c 7ffffffe PASS
        80002080 7ffff800 PASS
        80002084 80000000 PASS
        80002088 7fffffff PASS
        8000208c 800007ff PASS
        80002090 80000000 PASS
        80002094 80000001 PASS
        80002098 800007ff PASS
        8000209c 7fffffff PASS
        800020a0 80000000 PASS
        800020a4 7ffff800 PASS
        800020a8 abcdffff PASS
        800020ac abcdff80 PASS
        800020b0 abcdffbf PASS
        800020b4 abcdffa0 PASS
        800020b8 abcdffaf PASS
        800020bc abcdffa8 PASS
        800020c0 abcdffab PASS
        800020c4 00000000 PASS
        800020c8 00000000 PASS
        800020cc 00000001 PASS
        800020d0 36925814 PASS
        800020d4 36925814 PASS
        800020d8 36925814 PASS
        800020dc 36925814 PASS

=====> Signature ALL MATCH!!!

================================================================
Simulation exit ../compliance/I-XORI-01.elf
================================================================

=====> Test PASSED, Total of 63 cases
```

图9-7　Verilator 合规性测试

285

9.4.2 用 Modelsim 做仿真

在 4.5.3 节，介绍用 Modelsim 做处理器白盒验证时，曾提到了利用 SDRAM 的仿真模型做仿真。这里结合小脚丫开发平台具体展开，介绍一下 PulseRain Reindeer 的仿真操作。

作为一个完整的处理器仿真，除了包含处理器内核外，还应该涵盖外围设备的访问，包括中断的产生和处理等。也就是说，仿真应该在 SoC 层面进行，以保证整个系统的可靠性。这其中也包括 FPGA 厂商提供的 IP，例如 PLL、SDRAM 控制器等，而对这些 IP 的仿真，则需要 FPGA 厂商的仿真库支持。因此在 PulseRain Reindeer 处理器的 Modelsim 脚本中，将编译分为了两部分。

（1）build_lib.do。

该脚本用来编译 Intel 提供的仿真库，该脚本只需运行一次即可。

（2）build_soc.do。

该脚本用来编译整个处理器系统，包括处理器内核、基于硬件的引导加载程序、串行口、I^{2}C 控制器、PLL（Intel 提供）、SDRAM 控制器（Intel 提供内核，PulseRain Technology 提供接口转换）等。每次设计被修改时，需要重新运行该脚本。

同时，仿真也分为两种情形。一种是合规性测试，以保证处理器设计符合 RISC-V 官方的测试向量，具体的方法已经在 4.5.3 节做了详细的讨论。读者在运行了上面提到的两个编译脚本后，只需接着运行一个名叫 "run_compliance.do" 的脚本即可。

另外一种仿真情形是，需要对某个具体的 elf 文件进行仿真。这里读者可以运行一个叫 dram_dat_gen.py 的 Python 脚本（在 Reindeer_Step/sim/modelsim 目录下），将需要仿真的 elf 文件转化为 SDRAM 仿真需要的 sdram_ISSI_SDRAM_test_component.dat 文件（见 4.5.3 节），然后再运行一个名叫 "run_sim.do" 的脚本即可。假设需要仿真的 elf 文件名叫 abcd.elf，则在 Windows 平台上可以操作如下：

（1）在 Command Prompt 下运行 dram_dat_gen.py。

```
Python dram_dat_gen.py abcd.elf > sdram_ISSI_SDRAM_test_
component.dat
```

对于 Arduino IDE 的 PulseRain Reindeer 开发包来说，如果编译成功，则会同时生成 hex 文件和 elf 文件。用户可以通过观察下载的 hex 文件路径来确定 elf 文件的位置，如图 9-8 和图 9-9 所示。

图9-8 在Arduino中确定文件路径

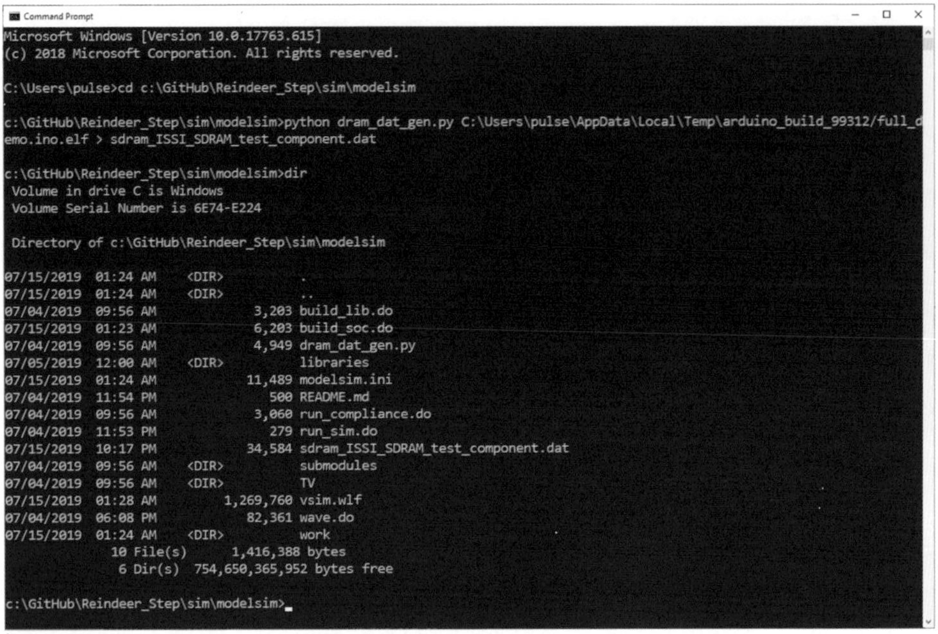

图9-9　运行dram_dat_gen.py

（2）在 Modelsim 下编译代码。

```
do build_lib.do
do build_soc.do
```

（3）运行仿真（下面的命令将运行 100 μs）。

```
do run_sim.do
run 100us
```

如果一切运行正常，Modelsim 的屏幕输出应该非常接近图 9-10。其中，大约为 90 ns，Modelsim 会输出文字信息，报告 PLL 成功锁定。

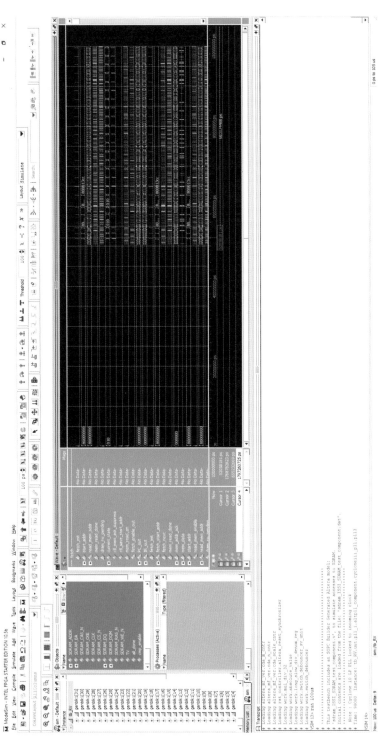

图9-10 Modelsim 仿真

9.5 外围设备与中断

9.5.1 外围设备（RTL模块）与物理设备

在本章开头曾提到，小脚丫 STEP CYC10 开发板包含很多的物理设备，在 PulseRain Reindeer 软核处理器的移植过程中，这些物理设备都被整合在了一起，如图 9-11 所示。

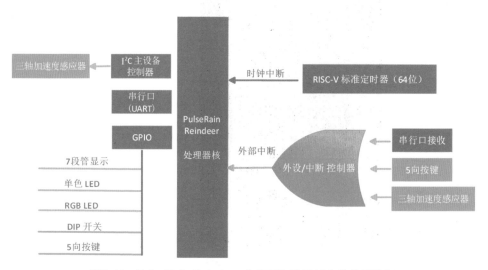

图9-11　PulseRain Reindeer 在STEP CYC10上的外围设备

对这些物理设备的访问，PulseRain Reindeer 是通过自己所实现的外围设备（RTL 模块）来进行的。具体来说，PulseRain Reindeer 所携带的外围设备如下：

- 定时器（RISC-V 标准规定的 64 位定时器，见 3.6.3 节）。

- 串行口（UART）。

- GPIO。

- I²C 主设备控制器。

PulseRain Reindeer 的处理器核会通过这些外围设备来控制开发板上的物理设

备，具体对应关系如表 9-2 所示。

表 9-2　外围设备与物理设备的对应

PulseRain Reindeer 外围设备	STEP CYC10 物理设备	备　注
串行口 (UART)	USB/UART	小脚丫 STEP CYC10 开发板采用 Silicon Labs 的 CP2012 作为 USB/UART 的转换芯片
GPIO 输出 [11:0]	7 段管显示器	开发板上有一个 4 位的 7 段管显示器，通过定时器中断的方式来刷新
GPIO 输出 [22:20], [18:16]	RGB LED	开发板上有两个 RGB LED，需要消耗 6 个 GPIO 来控制
GPIO 输出 [31:24]	单色 LED	开发板上有 8 个单色 LED，需要消耗 8 个 GPIO 来控制
GPIO 输入 [4:0]	5 向按键	5 向按键共有 5 个输入。在经过去抖动处理以后接入 GPIO
GPIO 输入 [15:8]	DIP 开关	开发板上有 8 个 DIP 开关
I²C Master	ADXL345 三轴加速度感应器	通过 I²C 总线来控制 ADXL345

9.5.2　中断映射

目前 RISC-V 的官方标准中对外部中断采用了共享中断的方式，PulseRain Reindeer 处理器也依据标准采用了这种结构，如图 9-11 所示。在 STEP CYC10 开发板上，会触发外部中断的物理设备主要有 3 个。

（1）串行口的接收部分。

（2）5 向按键。

（3）三轴加速度感应器。

在 PulseRain Reindeer 的外设 / 中断控制器里，这 3 个中断源通过 wired-OR 的方式接入到 PulseRain Reindeer 处理器内核的外部中断输入上。实际上，针对 STEP

CYC10 开发板，PulseRain Reindeer MCU 的中断控制器被配置成如表 9-3 所示的方式。

表 9-3　外部中断索引

PulseRain Reindeer 中断索引号	STEP CYC10 物理设备	备　注
1 (UART RX)	串行口接收	串行口是表 9-2 中直接支持的外设
30 (INTx[0])	5 向按键	5 向按键不在表 9-2 直接支持的外设中。为了及时响应 5 向按键，5 向按键在通过去抖动处理后被 wire-OR 在一起，然后接入到 PulseRain Reindeer 外设 / 中断控制器的 INTx[0] 输入上
31 (INTx[1])	ADXL345 三轴加速度传感器	ADXL345 不在表 9-2 直接支持的外设中。对 ADXL345 是通过 I²C Master 外设（代码资源 Step_CYC10_I2C-1.0.1.zip）来进行的

9.5.3　中断处理程序

由于 RISC-V 中所有的中断和异常都会转向 mtvec 寄存器所指向的地址，所以在软件处理时，只需要一个共享的 ISR（中断处理程序）即可。这个 ISR 的地址会被写入 mtvec 寄存器，在这个共享的 ISR 中，需要通过读取其他的寄存器来进一步判定异常种类或中断源。

在 PulseRain Reindeer 处理器的 Arduino 开发包中，便提供了这样一个共享的 ISR，如代码 9-1 所示。它所对应的流程图可以在图 9-12 中找到。

代码9-1　共享ISR的源代码

```
static void shared_isr(void)__ _attribute_ _((interrupt));
static void shared_isr(void) {
    uint32_t t = read_csr (mcause);
    uint8_t  i, code = t & 0xFF;
```

```
uint32_t old_mstatus_value = read_csr (mstatus);
write_csr(mstatus, 0);

if ((t & MCAUSE_INTERRUPT) == 0) { // Exception
    Serial.print ("Exception !!!!! Exception Code = 0x");
    Serial.println (code, HEX);
    Serial.print ("MEPC = 0x");
    Serial.println (read_csr(mepc), HEX);
} else { // Interrupt

    if (code == MCAUSE_TIMER) {

        t = read_csr (mip);
        t &= ~MCAUSE_TIMER_MASK;
        write_csr (mip, t);

        if (timer_isr) {
            timer_isr();
        }

    } else {

        t = read_csr (mip);
        t &= ~MCAUSE_PERIPHERAL_MASK;
        write_csr (mip, t);

        t = *REG_INT_SOURCE;

        if (t & (1 << INT_UART_RX_INDEX)) {
            if (uart_rx_isr) {
                uart_rx_isr ();
            }
        }

        for (i = INT_EXTERNAL_1ST; i <= INT_EXTERNAL_LAST;
++i) {
            if (t & ( 1 << i)) {
```

```
                    if (INTx_isr[i - INT_EXTERNAL_1ST]) {
                        INTx_isr[i - INT_EXTERNAL_1ST]();
                    }
                }
            } // End of for loop
        }
    }

    write_csr(mstatus, old_mstatus_value);

} // End of shared_isr()
```

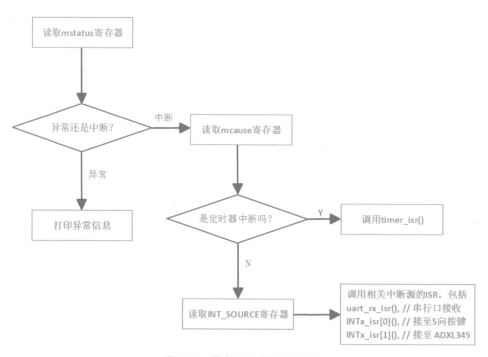

图9-12   共享ISR对应的流程图

注意到在代码 9-1 中，在 shared_isr() 后面有一个属性修饰：＿＿attribute＿＿
（（interrupt））。有了这个属性修饰以后，编译器就会自动在 shared_isr() 的函数入口和出口处加上开场白和收场白。如果读者用 "riscv-none-embed-objdump -d …"命令来做反汇编，可以看到这些开场白和收场白的汇编指令。这些指令主要用来将通用寄存器保持到堆栈上，或从堆栈上恢复原值，如代码 9-2 所示。

代码9-2 共享ISR的开场白与收场白

```
80000e58 <_ZL10shared_isrv>:
80000e58: fb010113              addi    sp,sp,-80
80000e5c: 04112623              sw      ra,76(sp)
80000e60: 04512423              sw      t0,72(sp)
80000e64: 04612223              sw      t1,68(sp)
80000e68: 04712023              sw      t2,64(sp)
80000e6c: 02812e23              sw      s0,60(sp)
80000e70: 02912c23              sw      s1,56(sp)
80000e74: 02a12a23              sw      a0,52(sp)
80000e78: 02b12823              sw      a1,48(sp)
80000e7c: 02c12623              sw      a2,44(sp)
80000e80: 02d12423              sw      a3,40(sp)
80000e84: 02e12223              sw      a4,36(sp)
80000e88: 02f12023              sw      a5,32(sp)
80000e8c: 01012e23              sw      a6,28(sp)
80000e90: 01112c23              sw      a7,24(sp)
80000e94: 01212a23              sw      s2,20(sp)
80000e98: 01c12823              sw      t3,16(sp)
80000e9c: 01d12623              sw      t4,12(sp)
80000ea0: 01e12423              sw      t5,8(sp)
80000ea4: 01f12223              sw      t6,4(sp)

...

80000f00: 03c12403              lw      s0,60(sp)
80000f04: 04c12083              lw      ra,76(sp)
80000f08: 04812283              lw      t0,72(sp)
80000f0c: 04412303              lw      t1,68(sp)
80000f10: 04012383              lw      t2,64(sp)
80000f14: 03812483              lw      s1,56(sp)
80000f18: 03412503              lw      a0,52(sp)
80000f1c: 03012583              lw      a1,48(sp)
80000f20: 02c12603              lw      a2,44(sp)
```

```
80000f24: 02812683                lw      a3,40(sp)
80000f28: 02412703                lw      a4,36(sp)
80000f2c: 02012783                lw      a5,32(sp)
80000f30: 01c12803                lw      a6,28(sp)
80000f34: 01812883                lw      a7,24(sp)
80000f38: 01412903                lw      s2,20(sp)
80000f3c: 01012e03                lw      t3,16(sp)
80000f40: 00c12e83                lw      t4,12(sp)
80000f44: 00812f03                lw      t5,8(sp)
80000f48: 00412f83                lw      t6,4(sp)
80000f4c: 05010113                addi    sp,sp,80
80000f50: 30200073                mret
```

在代码 9-1 和图 9-12 中提到的相关中断的 ISR，例如 timer_isr()、uart_rx_isr()、INTx_isr[0]、INTx_isr[1]，都需要由用户提供。在 Arduino IDE 的开发包中，这些用户提供的 ISR 都可以通过 attachInterrupt() 函数来装载（代码 9-3），或通过 detachInterrupt() 函数卸载（代码 9-4）（其中 ISR 函数原型是 typedef void（*ISR）();）。

代码9-3　attachInterrupt()

```
void attachInterrupt (uint8_t int_index, ISR isr, uint8_t mode)
{
    if (mode == RISING) {
        if (int_index == INT_TIMER_INDEX) {
            timer_isr = isr;
        } else if (int_index == INT_UART_RX_INDEX) {
            uart_rx_isr = isr;
            (*REG_INT_ENABLE) |= 1 << INT_UART_RX_INDEX;
        } else if ((int_index >= INT_EXTERNAL_1ST) && (int_
index <= INT_EXTERNAL_LAST)) {
            INTx_isr [int_index - INT_EXTERNAL_1ST] = isr;
            (*REG_INT_ENABLE) |= 1 << int_index;
        } else {
            Serial.print ("unknown interrupt index ");
            Serial.println(int_index);
        }
```

```
    } else {
        Serial.print ("unsupported mode ");
        Serial.print (mode);
        Serial.println (" for attachInterrupt");
        return;
    }
} // End of attachInterrupt()
```

代码9-4　detachInterrupt()

```
void detachInterrupt (uint8_t int_index)
{

    if (int_index == INT_TIMER_INDEX) {
        timer_isr = 0;
    } else if (int_index == INT_UART_RX_INDEX) {
        uart_rx_isr = 0;
        (*REG_INT_ENABLE) &= ~(1 << INT_UART_RX_INDEX);
    } else if ((int_index >= INT_EXTERNAL_1ST) && (int_index <=
INT_EXTERNAL_LAST)) {
        INTx_isr [int_index - INT_EXTERNAL_1ST] = 0;
        (*REG_INT_ENABLE) &= ~(1 << int_index);
    } else {
        Serial.print ("unknown interrupt index ");
        Serial.println(int_index);
    }
} // End of detachInterrupt()
```

在代码 9-3 和代码 9-4 中，都用到了中断的索引（int_index）作为参数，这个参数是表 9-3 中提到的中断索引号。由于 RISC-V 标准中对外部中断采用了共享方式，却没有完全采用向量中断的处理方式，因此，在 PulseRain Reindeer 中自定义了一个中断源寄存器（INT_SOURCE），用来帮助代码 9-1 和图 9-12 中的共享 ISR 来确定中断源。表 9-3 中的中断索引号，其实就是外部中断在 INT_SOURCE 寄存器中对应的位。相应地，PulseRain Reindeer 中还定义了一个 INT_ENABLE 寄存器，用来使能 / 屏蔽各个中断源。

9.6 外围设备寄存器地址列表

在 RISC-V 中，寄存器分为三类。

（1）通用寄存器。在 RV32I 标准中，共定义了 32 个 32 位的通用寄存器，如表 3-1 所示。

（2）CSR 寄存器。CSR 寄存器有其独立的地址空间，如表 3-14 所示。

（3）映射到内存的寄存器（包括与 RISC-V 系统定时器相关的寄存器）。对这类寄存器的地址，RISC-V 标准中并没有做具体规定，而是由处理器的设计者来决定。当 PulseRain Reindeer 软核 MCU 被移植到小脚丫 STEP CYC10 开发板上时，定义了如表 9-4 所示的寄存器地址映射。

表 9-4　寄存器地址映射

地　　址	寄 存 器 名	寄 存 器 描 述
0x20000000	MTIME_LOW	RISC-Ⅴ系统定时器计数器 (mtime) 的低 32 位
0x20000004	MTIME_HIGH	RISC-Ⅴ系统定时器计数器 (mtime) 的高 32 位
0x20000008	MTIMECMP_LOW	RISC-Ⅴ系统定时器计数器触发值 (mtimecmp) 的低 32 位
0x2000000C	MTIMECMP_HIGH	RISC-Ⅴ系统定时器计数器触发值 (mtimecmp) 的高 32 位
0x20000010	UART_TX	UART 的发送寄存器，见 9.7 节
0x20000014	UART_RX	UART 的接收寄存器，见 9.7 节
0x20000018	GPIO	GPIO 的控制寄存器，见 9.8 节
0x2000001C	INT_SOURCE	中断源寄存器，见 9.5.2 节与 9.5.3 节
0x20000020	INT_ENABLE	中断使能寄存器，见 9.5.2 节与 9.5.3 节
0x20000024	I²C_CSR	I²C 控制与状态寄存器，见 9.11 节
0x20000028	I²C_DATA	I²C 数值寄存器，见 9.11 节

9.7 串行口

　　PulseRain Reindeer 上使用的串行口（UART）来自 PulseRain RTL lib。为了简化，UART 的发送部分没有安装 FIFO，也不会产生中断。当用软件从串行口发送数据时，则需要采取阻塞的方式，即先读取 UART_TX 寄存器（见表 9-4），判定其最高位（当读取 UART_TX 寄存器时，其最高位是"忙/空闲"位）。当最高位为低时，则把需要发送的字节写入 UART_TX 寄存器，如代码 9-5 所示。

代码9-5　UART发送单字节

```
static void _putchar(char n)
{
    while ((*REG_UART_TX) & 0x80000000);
    (*REG_UART_TX) = n;
    while ((*REG_UART_TX) & 0x80000000);
} // End of _putchar()
```

　　因为 UART 的接收是一个异步事件，所以在 UART 的接收部分安装了 FIFO，并且会产生相应的中断。为此，在 Arduino 中，从 UART 接收数据时可以采取如下的方式。

　　（1）准备一个 ISR，将接收到的字符写入一个缓冲区，如代码 9-6 所示。

代码9-6　UART RX的ISR

```
uint8_t uart_rx_buf [256] = {0};
uint8_t uart_rx_index_write_point = 0;
uint8_t uart_rx_index_read_point = 0;

void uart_rx_isr()
{
    uint8_t t;

    t = Serial.read();
```

```
uart_rx_buf [uart_rx_index_write_point++] = t;

} // End of uart_rx_isr()
```

（2）通过 attachInterrupt() 函数，登记代码 9-6 中的 ISR。这样，代码 9-1 中的 shared_isr() 便会在 UART 接收中断发生时调用代码 9-6。

（3）调用 interrupts() 函数，打开中断使能。

（4）在 loop() 函数中，检查代码 9-6 中的缓冲区内容，如代码 9-7 所示。

代码9-7　UART 接收Buffer的读取

```
if (uart_rx_index_read_point != uart_rx_index_write_point) {
    Serial.print("\n Got Message: ");
    do {
        Serial.write(&uart_rx_buf[uart_rx_index_read_point++], 1);
    }while(uart_rx_index_read_point!=uart_rx_index_write_point);
    Serial.print("\n");
}
```

9.8　GPIO

PulseRain Reindeer 软核 MCU 有一个 32 位的 GPIO（General Purpose Input/Output）输入，同时也有一个 32 位的 GPIO 输出，它们都通过表 9-4 中的 GPIO 寄存器来控制。当该寄存器被读取时，则会得到 GPIO 输入端口的数值；当该寄存器被写入时，则会影响 GPIO 输出的逻辑值。

在小脚丫 CYC10 开发板的顶层 RTL 代码中，这些 GPIO 端口的分配如代码 9-8 所示。

代码9-8　GPIO端口分配

```
// 单色LED (8位)
assign LED = gpio_out [31:24];
```

```verilog
// 7段管显示器(4个显示器采用共享扫描方式来刷新)
assign SEG_A  = ~gpio_out [0];
assign SEG_B  = ~gpio_out [1];
assign SEG_C  = ~gpio_out [2];
assign SEG_D  = ~gpio_out [3];
assign SEG_E  = ~gpio_out [4];
assign SEG_F  = ~gpio_out [5];
assign SEG_G  = ~gpio_out [6];
assign SEG_DP = ~gpio_out [7];

assign SEG_DIG4 = gpio_out[8];
assign SEG_DIG3 = gpio_out[9];
assign SEG_DIG2 = gpio_out[10];
assign SEG_DIG1 = gpio_out[11];

// RGB LED(2个)
assign REG_LED1_R = gpio_out [16];
assign REG_LED1_G = gpio_out [17];
assign REG_LED1_B = gpio_out [18];

assign REG_LED2_R = gpio_out [20];
assign REG_LED2_G = gpio_out [21];
assign REG_LED2_B = gpio_out [22];

// 5向按键
assign gpio_in[4:0] = ~five_way_keys_debounced;

// DIP 开关(8个)
assign gpio_in[15:8]={SW8,SW7,SW6,SW5,SW4,SW3,SW2,SW1};
```

在 Arduino 的开发包中，将这个 32 位的 GPIO 寄存器分为了 4 个 8 位的子端口，以方便软件操作，如代码 9-9 所示。

代码9-9　GPIO的子端口

```c
volatile uint8_t* const REG_GPIO = (uint8_t*)0x20000018;
```

```
#define GPIO_P0   (REG_GPIO[0])
#define GPIO_P1   (REG_GPIO[1])
#define GPIO_P2   (REG_GPIO[2])
#define GPIO_P3   (REG_GPIO[3])
```

9.9 5向按键

从表9-2和代码9-8都可以看出，5向按键的数值可以从GPIO[4:0]读出。然而，和串行口接收一样，按键动作是一个异步事件。在小脚丫平台上，5向按键的这5个按键的电平经过去抖动处理后，被 wired-OR 并接入 INTx[0]（见表9-3）。所以，对5向按键的处理也和串行口接收非常类似。

（1）准备一个 ISR，将接收到的字符写入一个缓冲区，如代码9-10所示。

代码9-10　5向按键的ISR

```
uint8_t keys[256] ={0};
uint8_t key_write_point = 0;
uint8_t key_read_point = 0;

void int0_keys_isr()
{
    uint8_t t;

    t = GPIO_P0 & 0x1F;
    if (t) {
        keys[key_write_point++] = t;
    }
} // End of int0_keys_isr()
```

（2）通过 attachInterrupt() 函数，登记代码9-10中的 ISR。这样，代码9-1中的 shared_isr() 便会在5向按键被按下时调用代码9-10。

（3）调用 interrupts() 函数，打开中断使能。

（4）在 loop() 函数中，检查代码 9-11 中的缓冲区内容，如代码 9-11 所示。

代码 9-11　5向按键的buffer的读取

```
if (key_read_point != key_write_point) {
    Serial.print("\n Key Pressed: ");
    do {
        k = keys[key_read_point++];

        if (k == 0x1) {
            Serial.println(" Left");
        } else if (k == 0x2) {
            Serial.println(" Center");
        } else if (k == 0x4) {
            Serial.println(" Down");
        } else if (k == 0x8) {
            Serial.println(" Up");
        } else {
            Serial.println(" Right");
        }

        Serial.println(" ");

    } while(key_read_point != key_write_point);
}
```

9.10　7段管显示器

在小脚丫 CYC10 开发板上，有 4 个 7 段管显示器，可以显示 4 位十六进制数。在 Arduino IDE 中，它们可以通过调用 Step_CYC10_Seven_Seg_Display 库来刷新和显示数值。在这个库里面，对 7 段管显示器的扫描刷新是通过系统定时器来实现的（实际上，同样的方法也可以用来实现 PWM）。

和前文提到的串行口接收中断和 5 向按键中断一样，上面这个库的核心是一个 ISR。对 7 段管显示来说，其主要完成数值的扫描刷新，并计算定时器的下一个计数器触发值，如代码 9-12 所示（代码 9-12 中的 refresh_count 决定了 7 段管显示器的扫描刷新频率，为防止出现显示器的闪烁，建议扫描刷新频率要高于 400 Hz）。

代码 9-12　7段管显示器的定时器ISR

```
static void seven_segment_display_timer_isr_()
{
    _refresh ();
    timer_advance_ (refresh_count);
}
```

9.11　三轴加速度传感器(ADXL345)

在表 9-3 中，三轴加速度传感器的中断（实际上是 ADXL345 的 INT2 引脚）被连接到了 PulseRain Reindeer 软核 MCU 的 INTx[1] 端口上。然而在实践中，用 ISR 处理 ADXL345 的效果却不太理想。这主要是出于以下原因：

（1）对 ADXL345 数据的读取是通过 I^2C 总线来进行的，而 I^2C 总线时钟只有 100 kHz。对 ADXL345 来说，为了得到三轴的数据，还需要读取多个寄存器。如果用中断方式来处理，则与 UART RX 或 5 向按键相比，ADXL345 的 ISR 会占用很长的 CPU 时间，从而影响处理器对其他设备的响应。

（2）ADXL345 产生中断的方式也和 UART RX 或 5 向按键有所不同。ADXL345 的活动中断会随着传感器的物理移动而连续产生，这颇有些接近虚假中断的情形。这也会影响处理器对其他设备的响应。

因此，在本书给出的开发板示范 Sketch 里（详见 9.12 节），采用了查询的方式来读取三轴数据和活动事件。

9.12 开发板示范Sketch

为了方便演示小脚丫 STEP CYC10 开发板上的各个物理设备，读者可以运行本书代码资源 Reindeer_Step-1.1.2.zip 下面的 sketch/full_demo/full_demo.ino。

这个 Sketch 实际上是前文各个代码段的综合。如果在 Arduino IDE 综合开发环境中运行这个 Sketch，它会展示如下的操作：

（1）利用系统定时器中断来扫描刷新 7 段管显示器，以显示一个递增的十六进制计数器数值。

（2）利用 ISR 方式从串行口接收数据，并通过串行口输出显示消息。在 Arduino IDE 下，用户可以通过监测工具 Serial Monitor 来向开发板的串行口发送数据，并观察来自开发板的串行口数据。

（3）利用 ISR 方式响应 5 向按键，并将具体的按键在串行口输出。

（4）从 GPIO 读取 DIP 开关的状态，并在单色 LED 上显示。

（5）利用查询方式（Polling）方式，来读取三轴加速度传感器（ADXL345）的数据。如果发生活动事件（例如晃动小脚丫开发板），则点亮 RGB LED。

第 ⑩ 章

知识产权保护

I spend a lot more time than any person should have to talking with lawyers and thinking about intellectual property issues.

Linus Torvalds,
The Creator of Linux Kernel

我花在律师和知识产权问题上的时间比其他任何人都要多。

林纳斯·托瓦兹，
Linux 内核创立者

10.1 知识产权保护的方式

由于本书的内容涉及众多的软硬件设计领域，不可避免地会涉及与知识产权保护相关的话题，这里笔者想借机对此做一番介绍。不过笔者并没有律师营运执照，如果对具体的法律问题有疑问，还请与相关法律专业人士联系。本章只是与读者分享对知识产权保护的了解，而并非法律咨询。

> **说明：** 以笔者的了解，对知识产权通行的保护方式主要有三种：专利（Patent）、版权（Copyright）和商标（Trademark），其中，商标不在本章的讨论之列。而对专利和版权来说，专利主要用来保护新的想法，而版权则主要用来包含想法的实现。对这种分工，在法学上有一个专门的术语，叫思想表达二分法。
>
> 专利和版权有一个重要的区别就是，它们保护的年限不同。专利的保护年限一般是从专利递交日期算起的 20 年；而版权的保护一般包括作者在世的时间，以及作者往生之后的 70 年。
>
> 由此可见，版权保护的年限要远大于专利保护的年限。作为一个版权保护的实际例子，笔者幼年时很喜欢在任天堂的红白机上玩超级玛丽游戏（Super Mario Bros）。尽管现在红白机早已经进了古董店，但是超级玛丽的人物造型和游戏伴奏音乐却至今还受到版权法的保护。

10.2 计算机指令集的知识产权保护

鉴于 RISC-V 指令集是本书的重要组成部分，读者一定也非常关心计算机指令集的知识产权保护。就笔者的了解，计算机指令集在法律上被认为是与自然语言同类的事物，其本身并不受版权的保护，但是计算机指令集可以受到专利的保护。在历史上，Intel 曾为了 x86 指令集和处理器与多家公司发生诉讼，其中大部分都集中于专利诉讼。在与版权相关的诉讼案中，则多与处理器的微代码（Microcode）或其他代码具体实现相关。

对 RISC-V 指令集来说，RISC-V 的标准化工作由 RISC-V 基金会主持。对任何想要用 RISC-V 设计实现处理器的公司与个人，他们都不会受到来自 RISC-V 基金会的限制，也无须向 RISC-V 基金会支付授权费用。基金会各会员公司也承诺不会就 RISC-V 的基本议题向其他成员发起诉讼。这使得 RISC-V 处理器的设计者无须再担心与指令集本身相关的专利诉讼，这也是 RISC-V 被称为开放指令集的主要原因。

虽然 RISC-V 指令集本身没有版权和专利的问题，但是每个支持 RISC-V 指令集的处理器设计实现，都会受到版权和相关专利的保护（包括处理器的 RTL 代码、微代码、电路图等）。这就好比没有人对汉字语言拥有版权，但是用汉语创作的书籍要受到版权的保护。

10.3 逆向工程

既然说到了版权，笔者想再介绍一下与之密切相关的"逆向工程"（Reverse Engineering）的话题。在许多软硬件的用户协议中，都禁止用户采取逆向工程的方法来复制原始设计。如果能合法规避这些用户协议，则可以通过净室设计的方式来合法地实现复制（兼容性复制）。

具体来说，净室设计需要有两组开发人员共同实现。第一组开发人员负责观察研究被复制对象的相关技术，并撰写技术文档。在这个技术文档中，不能包含任何被复制对象的专有技术。

这个技术文档在经过知识产权律师的检查以后，会被递交给第二组开发人员。而第二组开发人员应该仅根据给予的技术文档来进行设计，而不能直接对被复制对象进行研究。通过将两组开发人员隔离，使得第二组开发人员在设计时不会受到被复制对象相关的专有技术的影响，从而达到规避版权，并实现兼容设计的目的。

提示：在历史上，尽管 IBM 是 PC 的发明者，但是许多其他厂商都是通过这种方式逆向工程了 IBM 原厂的 BIOS 设计，从而使得 IBM PC 兼容机（IBM PC Compatible）异军突起，最终乱拳打死老师傅，在市场份额上反超了 IBM。

10.4 协议授权

由版权问题自然引发出来的便是软硬件设计的授权问题。随着开源设计的大行其道，出现了许多与开源设计相关的协议授权（Licensing）方式。它们通常包括三部分的内容。

（1）提及原作者，承认原作者的贡献。

（2）法律免责。

（3）共享方式，特别是对衍生作品的共享方式。

10.4.1　GPL

GPL（GNU General Public License）授权协议最早由自由软件基金会（Free Software Foundation）的 Richard Stallman 提出并撰写。Richard Stallman 在世界开源运动中具有重要的地位，他的作品包括著名编辑软件 Emacs 和 GCC 编译器等，同时他也是 GNU 项目的发起人。也许是 Richard Stallman 的世界观更倾向于"万物开源"的关系，GPL 授权协议要求衍生作品也必须采用 GPL 协议，开放所有源代码。

GPL 对衍生作品的定义非常宽泛。由于 GCC 编译器也采用了 GPL 授权协议，从理论上来说，和 GCC 的库相链接的任何软件也都属于衍生作品，必须采用 GPL 协议，但是这将会严重限制 GCC 在商业领域的应用。因此自由软件基金会后来为此特别做了说明，将此情况列为特例，才使得商业公司对 GCC 免除了后顾之忧。

GPL 另外一个应用的例子就是 Linux Kernel。由于 GPL 的原因，任何与 Linux 操作系统内核直接相关的代码都需要遵循 GPL 协议，包括所有的硬件驱动程序（而应用程序可以认为不是 Kernel 的一部分，可以不受 GPL 的限制）。许多硬件生产商对此颇有微词，因为公开硬件驱动程序的代码往往会揭示硬件设计的细节，给竞争对手提供思路。对此，有些硬件厂商便不愿意将驱动源代码直接放入 Kernel 中，而代之以可加载的模块来规避开源。

由于 Android 系统也是基于 Linux Kernel。为了规避 GPL 协议，Google 基本上采取了虚拟机的方式将 Linux Kernel 和第三方厂商提供的代码进行规避。这样第三方厂商可以采用 Apache 授权协议，而不再是 GPL 授权协议（Richard Stallman 认为许多 Android 设备不再"自由"，他甚至将某些 Android 设备称为"专制暴君"）。

鉴于 GPL 的传染性，许多商用公司的法务部门将 GPL 协议列为"有毒协议"。商用公司一般会尽量避免采用 GPL 协议的代码。如果不得不采用（例如 Linux Kernel），也要由法务部门做仔细的审查，将 GPL 代码与公司自有代码做合法的区分与隔离。

10.4.2　LGPL

和 GPL 相比，LGPL（GNU Lesser General Public License，GNU 宽通用公共许可证）的传染性则要小得多。对采用 LGPL 的代码来说，如果用户修改了这部分代码本身，则需要将修改部分以 LGPL 形式开源授权。但是对于和 LGPL 代码相链接的自有代码来说，这部分自有代码无须遵从 LGPL 协议，甚至可以保持闭源。

根据 Arduino 的官方文件，Arduino 的 C/C++ 软件库一般都采用 LGPL 协议。本书前面所提到的 PulseRain Reindeer 的 Arduino 开发包便是通过 LGPL 协议发布的。

10.4.3　Apache

和 GPL 协议相比，Apache 授权协议要宽容许多。在 Apache 协议下，衍生作品可以以任何形式来发布（包括闭源形式），这使得 Apache 协议受到了商业公司的广泛欢迎。

10.4.4 知识共享

知识共享（Creative Commons）是另外一种开源协议，它包含多个变种。常用的有以下两种。

（1）Creative Common Attribution（CC BY）。

这个协议变种仅要求适当提及原作者，以承认原作者的贡献。对衍生作品的发布则不做限制。

RISC-V 官方的标准文档便采取了这种协议（Creative Commons Attribution 4.0 国际许可）。这些标准文档中，还特地注明了正确的提及方式（Please cite as）。

（2）Creative Common Attribution-ShareAlike（CC BY-SA）。

在这个协议变种下，衍生作品除了要提及原作者外，还被要求以同样的协议来发布。

Arduino 官方的硬件开发板都是以这个授权协议来发布的。

> 提示：这里需要指出的是，知识共享一般多用于文档的发布或硬件设计的授权，而对软件协议的授权，则不建议采用该协议。

10.4.5 双授权协议

为了做到商业应用与设计开源的两者兼修，有些商业公司采用了双协议授权（Dual License）的方式，例如著名的数据库软件 MySQL Server，以及 LEON3 处理器。本书所涉及的与 PulseRain Reindeer 相关的 GitHub Repository 如下：

- PulseRain Reindeer 处理器（PulseRain/Reindeer_Step）。

- PulseRain RTL 库（PulseRain/PulseRain_rtl_lib）。

它们也都以这种双授权协议的形式发布。

在双授权协议下，设计代码以 GPL 授权协议公开发布。如果商业应用无法采用 GPL 协议，则可以和原厂联系，付费获得商业授权。